旅館經營管理
（第三版）

曾慶欑　編著

全華圖書股份有限公司

這是一本專為大專院校旅館事業「教與學」編著，實用性強、可讀性高的專業好書。由一位既擁有完整的高教相關系所學歷和專任教授的資歷；又有 30 年全心投入五星級國際旅館，從基層到總經理所有專業部門的專職輪調洗禮，並曾親自領軍承擔兩家新建旅館，融貫從「0 到 1」的規劃開發，再從「1 到 100」經營管理的實戰經歷。這種以真刀真鎗全力以赴的全方位淬煉，放眼海峽兩岸同業，肯定僅此一人。他就是現任劍湖山休閒產業集團所屬五星級「劍湖山渡假大飯店」曾慶欑總經理。

很榮幸，他是我深交近 20 年摯友；也是我們核心團隊的親密夥伴，更是我長久以來，在專業知識領域與他相濡以沫，並請益最多的諮詢高手。

記得我從 2000 年開始，為善盡企業對社會的責任，獲聘南華大學旅遊事業管理研究所的兼任教授。當時為了彌補「高教畢業生滿街走，企業要人才沒有」的「產學差距與學用落差」，特別規劃以產業對中高階人才需求的實務導向，複合「觀光、餐旅、休閒、遊憩」四個模組，採「即學即用，即取即做」的課程設計，每學期選擇國內外若干指標性個案，針對其「集客策略與服務行銷」為核心議題，延伸擴及多面向真實而具體，且具有啟發性價值理念與觀點的創見性分析，並能激發師生，相互提出問題共同尋找答案。這種「教與學」的雙向互動交流研討，對於從企業回流再受教育的 EMBA 專班研究生，不但非常受用而且甚受喜愛和歡迎。但因苦於當年在市面上找不到類似可用教材，只好由自己動手編寫，其中很多相關餐旅實務性的珍貴心得經驗與資料，就是由本書作者長期支援協助提供。

這種教學方法，因有助於研究生畢業即可就業與創業，而受到重視，使我不得不在屆齡退休後，又須於退而不休的續職中，特別多撥出了時間，除履行承諾固定在南華大學研究所長期任教外，不得不又增加在國立高雄餐旅大學、國立嘉義大學、國立臺中教育大學等研究所開課。這 16 年來我很感謝作者的教益，共編訂了七大冊實用教材，每冊至少在六萬字以上。近年來，更成為我在海峽兩岸旅遊類師資培訓班與企業大學欲罷不能的講座專業智庫。

拜讀這本全新編著的教科書初稿，深感「文如其人」，在「內容」取向方面，一如他完整的「學歷」和「經歷」，既能將「實務接軌理論做為基礎，又能將理論接軌實務做為驗證」；在「風格」展現方面，亦如他的「人品」和「學品」，不但才高學廣、思想淵博、雪操冰心、不染市儈；而在「運筆」精關方面，筆觸如行雲流水瀟灑飄逸，字裡行間與主題闡述、曲高和眾，深入淺出，能從細微處入手宏觀上思考，展現他獨到的視角、以及論述的深刻、賞析的鮮明、見識的豐盛，對行業看得遠、識得透，我曾試圖從我自行編寫教材的心得來評比這本專書的著作，不能不佩服作者能掌握專業的本質和精華；用心在專業 Know － How 的基礎結構，鋪陳得特別寬廣厚實，有助於築高金字塔式多元化與多等級專業理念的表達。完全可以滿足於無論從業者 SOP 標準作業流程的驅動，或從專業教學認知觀點的帶動，以及學生閱讀後的啟迪，和消費者滿意的體驗需求之外，特別是可以幫助經營者能更嚴苛的檢視出從供給端到需求端之間諸多服務品質的缺口，包括：服務設計的不良、服務行銷的溝通不足，顧客期望的管理不善，定價的不適切，以及過度承諾，無法實現等，並能增進企業以有限成本達到最大收益，也能為顧客創造最大價值。

　　我一直很珍惜作者當年在國賓飯店服務時，曾啟發過我的幾則觀念，成為我 16 年來在「個案教學」的探討議題：

- 「我們一定可以找到機會創造 100 倍的價值，而不是降低 100 倍的成本，唯有勇於投資創新成長，不當節省成本只會停滯退場」。
- 「我們必須永遠保持一個正向心態：在服務工作中樂見所有的發生都是最好的發生，所有的結果都是最好的結果」。
- 「要在關鍵時刻做出選擇，並且要把選擇做到正確為止」。
- 「做得對比做得多重要，因為 1% 的錯誤也會導致 100% 的失敗」。
- 「一個小時內能處理好的魚，對於廚藝新手則要花三小時才能處理好」。緊接另一句「只願在心中耕耘的學者，和不願實地播種的知識農夫，頂多徒有學歷，而無從業的學力、實力和能力」。來喚醒技職師生到職場實習實作與實學實用的重要。

　　我常告訴研究生，教科書本上的文字一如音樂五線譜上躺著的冰冷音符，需要經由情感豐富的手指彈奏，或人器不凡的聲樂演唱，才能活化出音符的生命力，感動出它的至真、至善、至美、至愛、至聖的深長意境。當然如果您有

幸能有機會聆賞到作者為本書主題親自詮釋的一場演講或一堂課,那將是您一次如沐春風化雨般愉悅的心靈知性之旅。

　　自從作者專任劍湖山渡假大飯店總經理,即因身兼發言人,依慣例不便到學校授課,也很少公開演講,因此很多指導教授包括我,只好因應研究生的請求,安排全體研究生到飯店聚餐或住宿參訪,目的在享受他的一席隨興的深度導覽解說,同時也品讀並意味作者與研究生和教授三方的精彩對話,以及指導教授們最後的講評。我特別從很多師生們心得報告的口碑中,列舉三則我認為是對作者最貼切的評價:

- 「盛讚作者具有領導者的思惟和挑戰者的作為,為人單純而鍊達,行事質樸而精巧,充分表現在他能貫澈佈新的能力與除舊的勇氣」。

- 從事旅館經營,正如作者自己所言:是他終身「要做的事」,也是他「能做的事」,更是他「想做的事」,因此他是一位隨時騎在馬背上行動的總經理,以走動式管理處處得心應手,事事如魚得水;也為了創造顧客,經常能在走動式觀察中想出別人想不到的創意創新,做到別人做不出來的活動行銷。

- 幾乎所有接觸過作者的人,都會為肯定他已成為習慣的招牌特質多按幾個讚,他永遠帶著微笑,永遠以微笑傳遞人生最高境界的正面能量,做人處事「尊重、讚美和感恩、奉獻」的終身美德。

　　旅館是百年永不關門的事業,也是終日 24 小時,終年 365 天無休的服務工作,更是一個已經從過去提供「賓至如歸」的回家溫馨感受,轉變提升為今日要求不同於居家,且能充分體驗在另一個全新空間,享受一次可成為記憶的身心靈奢華的尊榮禮遇。從事旅館服務的魅力,只要您能從中找到工作的意義和價值,您會像作者一樣,因熱愛而終身投入,成為您終身的職業、志業和事業。

　　為此,我特別為有志者推薦這本書,並推薦作者這位良師益友。

劍湖山休閒產業集團副董事長

游國謙　謹識

　　劍湖山渡假大飯店總經理曾慶欑先生自 1982 年進入旅遊產業，在 20 多年時間中，累積了旅行社、飯店及學界的多項經驗，其間在國賓飯店的日式服務體練、劍湖山世界王子大飯店籌備規劃經驗，以及環球科技大學擔任教職經歷，多角度的工作歷練讓曾慶欑總經理勇於面對市場的轉變及挑戰，在商機無窮的藍海中，穩固客群、開拓新客源。

　　旅館經營是飯店經理人無止境的學習課題，在工作之餘，曾總經理將自己多年的寶貴經驗集結成「旅館經營管理」一書，本書分為五大面向探討旅館經營管理，具備了實務化、專業化及生活化等觀念，曾總經理也大方分享了 20 多年的工作經驗及實際成功案例。

　　一路走來不難看出曾總經理對旅館事業的熱愛，倡導正確的旅館經營觀念，拓展產學攜手契機，實務傳承及創新改革，都是他致力的方向，相信本書內容必能給予飯店經理人或有興趣於旅館經營管理的學子們不小的助力。

環球科技大學　校長

謹序

作　者　序

　　30 年前雲林斗六市一個鄉下小孩家中以農為生，因為六畜興旺生活不至於飢寒交迫，國中時期每天下課後飼養六畜家禽，趕牛吃草，晒稻穀及釣青蛙抓泥鰍…等等。高中負笈他鄉就讀臺中二中，有位很要好同學家中經營旅館，常常課餘之暇到同學家作客，就這樣大學聯考約好填寫了相當冷門的觀光科系，當時大學很少有觀光系所，從此走上觀光產業這條路。作夢也沒想到 30 年後的今天，臺灣觀光產業蓬勃發展，政府積極推展觀光產業。目前大學院校已有 100 多所以上有相關觀光產業科系。

　　1982 年考入臺北國賓大飯店從櫃檯接待員開始，經歷了 18 年旅館各部門之歷練，也見證了臺灣旅館之興衰，當時從二、三家五星級旅館到目前百家齊放，歷歷呈現眼前，1998 年承蒙劍湖山世界經營高層之疼愛，轉戰雲林古坑回鄉負責籌設劍湖山王子大飯店，三年後開幕時更結合舉辦古坑咖啡節打響名號，可說見證了劍湖山世界之全盛時期。

　　旅館經營與管理，是人力與資金密集產業。從 1956 年起，政府鼓勵興建國際觀光旅館，臺灣觀光協會成立起，一直到 1964 年才有國際觀光旅館成立，故宮博物院也於這個時期開幕。然而於 1974 年時期又碰到能源危機停滯時代，政府禁建，稅捐、電費大幅調高，旅館興建幾乎停擺。後來又到了 1980 年之後，來華旅客突破 100 萬人次，又因臺灣經濟逐漸起飛，股票上漲，國際性連鎖旅館陸續進駐臺灣，也由於政府實施週休二日緣故，度假旅館從此蓬勃發展，人民所得提升、重視休閒時代正式來臨。

　　經營旅館首重行銷與人力資源整合，人對了一切就對了，服務態度決定一切。旅館販售的是環境、設備、餐食、服務、氣氛與安全，營運中有關住房率、平均房價、住客來源、收入結構、平均產值、食物成本…等等均是影響因素，其特質是鉅額資本進入障礙，地理位置重要，地點取得不易，經營技術容易被模仿、外溢性高，先進者並不必然因累積經驗而降低成本、且顧客忠誠度高。至於管理方面交通、人力流動、專業人力缺乏、供應商議價能力及異業競爭者越來越多，對情緒勞務產業領導統御更加困難，而且關鍵成功因素，是要首重

顧客要求的全套服務內涵，塑造優秀企業文化、快速回應並滿足顧客需求，做到 3 個 S 的服務概念，也就是速度 (Speed)、微笑 (Smile)、誠實 (Sincerity)。並且要建立內部及外部顧客溝通管道及完整的品質控管規劃及控管制度、提升高智慧人力資源，強化合乎禮儀服務及信賴度。

近 30 年從事旅館服務工作，早已將工作當成生活。旅館是社會生活縮影，旅客生長環境不同，其需求也不同，從事旅館工作必須注重每一件生活細節，永遠滿足客人需求，做到超出客人預期之滿意行銷、感動行銷。在體驗住宿及餐飲中得到滿足樂趣，進而達到重遊率，設法做到市場區隔、創造特色，凝聚員工向心力，創造利潤。

倉促成書，仍無法呈現旅館行銷創意及顧客多元化所需，希冀先進者不吝指教，也要感謝多位良師益友鼓勵，希望藉由個人多年在旅館工作經驗，撰寫成書。因為筆者曾從事大學教職，了解學術界對旅館經營面、業務面及實務面之不足，但願對莘莘學子有所助益。

曾慶欑 於嘉義

章 節 架 構

基礎篇 第 **1** 章 旅館的概念

本章介紹旅館的概念，經由基礎概念至學理與實務的建構，提升對於旅館經營管理的了解。內容涵蓋旅館的特性、各類型旅館的定義、各時代旅館的發展、旅館的產品服務及其功能，從而建立對旅館基本概念的認知。

學習目標：
- 了解旅館的起源與發展的沿革。
- 了解各型態的旅館特性與類別。
- 認識旅館的功能與產品服務。

章前概述＋學習目標

藉由章前的引言及學習重點，幫助讀者對本章有概略的了解。

旅館新知

無法取代人類　機器人飯店解雇過半機器人

日本有全世界第一家機器人飯店奇怪飯店 (Henn na Hotel)，2015 年開幕，最高峰時期，從櫃臺人員、接待，到搬運行李或客房服務，全都由機器人來完成工作，但短短不到四年時間，卻傳出這間機器人飯店放棄了絕大多數機器人的使用，改回人力，機器人到底現在有沒有辦法取代人類，在這裡或許就能找到答案。

資料來源：TVBS 新聞專 2019/06/22 新聞

旅館新知

最新時事趨勢，網羅知名飯店相關案例，旅館業大小事報你知！共14則。

年表大記事

最詳盡旅館發展年代代表，輕鬆學習近代臺灣旅館發展史！

客房補給站

為每章的案例及補充資料，全書共計47則，藉由案例的探討與課文知識延伸，引發讀者自我思判的能力。

課後評量

包含「問題與討論」與「選擇題」2大題型，讀者可自我檢測，並可自行撕取，提供老師批閱使用。

目 錄

基礎概念篇

第 1 章　　旅館的概念

　　本章介紹旅館的概念，經由基礎概念至學理與實務的建構，提升對於旅館經營管理的了解。內容涵蓋旅館的特性、各類型旅館的定義、各時代旅館的發展、旅館的產品服務及其功能，從而建立對旅館基本概念的認知。

　　學習目標：

- 了解旅館的起源與發展的沿革。
- 熟悉各型態的旅館特性與類別。
- 認識旅館的功能與產品服務。

將生物多樣性化為生態藝術品，雲品溫泉酒店力推永續旅遊

雲品溫泉酒店時隔 15 年進行大型裝潢工程，於 2023 年引進「親生命設計」（Biophilic Design），打造「花染木」、「石倚煙」兩款生生不息的巨型生態缸，將生態循環化身為藝術，結合雲品最受歡迎的生態導覽與富環境教育意義的親子活動，讓「永續活起來」成為感動的旅行。

1-1 旅館的特性與類別

旅館可定義為：「提供旅客住宿、餐飲及其他相關服務，並以營利為目的的一種公共設施。」，它須具備的基礎條件有：

1. **住宿服務：** 旅館主要提供給遊客或旅客臨時休息和居住的場所，以供他們在旅途中的住宿需求。

2. **房間結構：** 旅館以房間為基本單位，每個房間通常包括床、浴室、床上用品等基本設施，並提供適當的生活空間。

3. **服務設施：** 旅館除了提供基本的住宿設施外，還會提供相應的服務，如清潔服務、行李服務、前台接待、餐飲服務等，以滿足客人的需求。

4. **規模差異：** 旅館是一種為得到合理利潤而設立的營利事業、公共設施。旅館的

規模可以有所不同，從小型的家庭旅館、民宿到大型的國際連鎖酒店，涵蓋了不同層次和風格的需求。

5. **法規合規：** 旅館需要遵守相關法規和衛生標準，確保其運營安全合法，以保障旅客的權益和健康。

　　總的來說，旅館是提供住宿服務的建築物或設施，並以客房為主要單位，同時提供相應的服務以滿足旅客的需求。旅館經營除須具備安全舒適的硬體設施外，保持餐飲的衛生，以及能使旅客享受賓至如歸的服務為首要，以上要素缺一不可。

一、旅館的特性

　　旅館作為一種情緒性的服務產業，同時也是人力和資金密集的特殊行業，具有多樣性和多層面的特點，概括如下：

1. **人力與資金密集：** 旅館是一個人力和資金密集的行業，通常預估需要長達 6 年的時間才能回收成本。

2. **無持續儲蓄性：** 旅館業是一種非持續性的生意，與販售商品不同，無法隨時拿出來販售。它屬於無儲蓄性的商品。

3. **服務與藝術結合：** 旅館對於客戶有著不同的意義，可能是旅行者在外的家，也可能是一種綜合藝術體驗，提供住宿、餐食、氣氛、環境和安全等服務。

4. **情緒性勞動的服務產業：** 旅館的服務是一種情緒性的勞務，員工的態度決定一切。保持熱忱的服務態度，讓顧客感受到賓至如歸的氛圍，提供舒適住宿及其他休閒服務。

5. **綜合性服務：** 現代旅館不僅提供住宿，還包括餐飲、購物、娛樂、婚宴等綜合性服務。因此，旅館不僅是公眾活動的場所，還受到經濟、社會、科技、政治法令、生態等多方面的影響。這些影響包括：

   (1) 經濟層面：經濟的波動間接影響民生消費，對旅館業產生深切的影響。

   (2) 科技層面：科技的進步深深影響了旅館業，創造出新的服務、產品及商機。

   (3) 社會層面：社會發展超過人民需求，會開始形成一種社會意識型態，而導致國民旅遊興起、觀光活動的舉辦、民族文化多樣化。

   (4) 政治法令層面：隨著環境變遷而改變，也是影響旅館業的重要變數。

   (5) 生態層面：如高爾夫球場破壞生態，以及綠色環保層面的問題，都會影響旅館的經營。

什麼叫「立地條件」？

在台灣，旅館的「立地條件」指的是旅館所位於的地理位置和周邊環境，這些因素對旅館的經營和吸引顧客有著重要的影響。具體而言，立地條件包括以下幾個方面：

1. 地理位置： 旅館所在地的地理位置是一個關鍵因素，包括市區、鄉村、商業區、觀光區等。不同的地理位置會影響到旅客的選擇和便利性。

2. 交通便利性： 旅館周邊的交通狀況和便利性，包括附近的交通樞紐、公共交通工具的可及性，對於旅客的出行和移動至關重要。

3. 周邊環境： 旅館附近的環境，如商業設施、文化景點、自然風景等，會影響旅客的體驗和選擇。

4. 安全性： 旅館所在區域的安全狀況對遊客的選擇有顯著影響。安全的環境可以提高旅客的滿意度並增加再次入住的可能性。

5. 附近設施： 附近是否有商店、餐廳、娛樂場所等附屬設施，這些對旅客的住宿體驗和便利性都有所影響。

總的來說，旅館的立地條件是指其所處地點的一系列特定條件，這些條件對於旅館的吸引力、競爭力和客戶滿意度都具有重要的影響。

二、旅館的類別

旅館可依服務型態、客人需求與目的、經營者自我定位、臺灣法令設置標準、旅客停留、立地條件、服務等級等，而形成不同類別經營方式，以下就各類別形成的條件及內容說明之。

（一）依服務型態分類

因應時代發展，現今全球的旅館除提供住宿及餐飲（Food and Beverage）等基礎服務外，會因服務型態的不同，提供不同的加值服務，**可概略分為「都會」、「商務」、「旅遊休閒」三種類型**（表 1-1）：

表 1-1 旅館的類型與內涵（依服務型態分類）

旅館分類	都會型	商務型	旅遊休閒型
服務內涵	1. 旅客生命的安全 2. 提供最高的服務	商務住客所須合理的最低限度服務	1. 住客的生命安全 2. 娛樂層面的滿足
推銷強調點	氣氛、豪華	合理的房租服務	健康活潑的氣氛

旅館分類	都會型	商務型	旅遊休閒型
商品	客房、宴會、餐廳、聚會	客房、自動販賣機、出租櫃箱	客房、娛樂設備、餐廳
客房與餐飲收入比率	4：6	9：1	6：4
損益平衡點	55～60%	45～70%	45～50%
外國與本地人數比例	8：2	2：8	3：7
客房利用率	90%	80%	70%
菜單種類	150～1000 種	30～100 種	50～200 種
淡季	12 月中旬至隔年 1 月中旬	無淡季之分	12 月至隔年 2 月
員工與客房	1.2：1	0.6：1	1.5：1
推銷&管理費	65%	40～50%	65%
人事費用	24.7～26.4%	15%	27～29%

（二）依顧客需求分類

旅館可依顧客的需求及目的分為以下八種類型（表 1-2）：

表 1-2 旅館的類型與內涵（依顧客需求分類）

旅館分類	內涵	舉例
商務旅館（Business Hotel）	以商務、會議客人為主	希爾頓飯店、日航酒店、臺北凱悅飯店、臺北亞都麗緻飯店、臺中長榮桂冠酒店。
療養旅館（Wellness Hotel）	提供旅客休養、美容、健康為主題	天籟溫泉會館、日勝生加賀屋溫泉旅館、法國水療旅館、普吉島悅榕莊（圖 1-1）。
公寓旅館（Apartment Hotel）	提供長期居住。	喬治亞公寓大廈、中信商務會館等
休閒旅館（Leisure Lodge）	位於觀光區域，以休閒度假風格為主。	拉斯維加斯酒店（Casino Hotel）、夏威夷大島唯客樂度假村、地中海俱樂部、太平洋島度假村、天祥晶華酒店、墾丁凱撒飯店

旅館分類	內涵	舉例
生態旅館 （Eco Hotel）	提供旅客觀察大自然生態與體驗當地文化。	肯亞樹頂飯店（Tree Tops）、尼泊爾老虎頂旅館（Tiger Top Lodge）、澳洲農場民屋（Farm Stay）、愛斯基摩雪屋、印地安帳篷
運動旅館 （Sport Hotel）	提供旅客戶外遊憩活動。	馬來西亞神山登山小屋、北海道滑雪小屋、夏威夷高爾夫旅館、黃石公園營地小屋、南非獵屋（Safaris Lodge）、遊艇旅館（Yachtel）。
傳統旅館 （Traditional Hotel）	體驗該國風俗民情而居住。	蒙古包、日本和式旅館（褟褟米床）、斯巴拉多公寓（Apartment Spalatro）、印尼奎籠海上木屋。
露營車 （Camper Van）	車內附簡易餐宿設施，方便旅客長期遊覽，不須擔心住宿問題，夜晚可選擇在車上或露營地住宿（圖 1-2）。	
機場旅館 （Airport Hotel）	位於機場附近，方便旅客前往機場，多為商務、轉機或因班機取消之旅客提供服務。	
賭場旅館 （Camper Van）	多為各城市之地標性建築，裝潢豪華且擁有多種設施，除了住宿外也提供餐飲、賭博、表演等服務項目。	

圖 1-1 新加坡商悅榕集團（Banyan Tree Group）旗下以健康為中心的度假村——普吉島悅榕莊（BANYAN TREE VEYA）。Veya 是在新冠肺炎（COVID-19）大流行期間建立的，其中設有專有的八個健康支柱為客人策劃個性化和定制的體驗：睡眠與休息、飲食意識、親密關係與聯繫、身體活力、培養心靈、學習與發展、與自然和諧相處以及持續的實踐。

圖 1-2 　露營車的需求在新冠肺炎（COVID-19）爆發後更加顯著。以美國的小型露營車（車長在 5~6 公尺之間）來說，產量增加了兩倍多，從 2019 年的 4,200 輛增至 2021 年的 13,827 輛。

（三）依經營對象分類

　　經營業者可將旅館定位為以下七種類別，依不同的服務屬性吸引不同的客層對象進行消費（表 1-3）：

表 1-3 　旅館的類型與內涵（依經營對象分類）

旅館分類	內涵
普通旅館 （Ordinary Hotel）	國際觀光旅館及一般觀光旅館以外，提供不特定人士休息、住宿的營利事業。
招待所 （Guest House）	為了公務需要，而建立可供過夜的招待所，主要作用為招待特定人士。
寄宿所 （Homestay）	由個人或機構為消費者提供食物、飲料以及臨時住宿的場所。
休閒度假中心 （Vacation Center）	多位於風景區，屬於休閒度假的旅館，客源以團體為主，散客為輔。
包租宿舍 （Charters Hotel）	以學生為住宿對象，為學校因校內宿舍不足而與校外合作承租的宿舍。
汽車旅館 （Motel）	大多位於高速公路沿線或者郊區，有便利的停車場及簡單的住宿設施。
賓館 （Hotel）	同為提供不特定人士住宿休息的營利事業，但設備較普通旅館簡陋。

（四）依臺灣法令及設置標準分類

依目前臺灣法令及設置標準分類，旅館可分為觀光旅館業、一般旅館業、非旅館的住宿型態，各類別的服務型態說明如下：

1. **觀光旅館業**：觀光旅館業指的是經營國際觀光或一般觀光旅館，對旅客提供住宿及相關服務的營利事業。

2. **一般旅館業**：一般旅館業指的就是觀光旅館業以外，對旅客提供住宿、休息及其他經中央主管機關核定相關業務的營利事業。

3. **非旅館的住宿型態**：指所有不適用於現存各種旅館的相關法令規定，但又對特定或不特定的顧客，提供住宿等相關服務的營利事業，已有旅館之實，又非正統旅館的住宿型態，例如民宿（Bed and Breakfast, B&B）、青年活動中心、教師會館、警光會館、農場、度假村等，利用自用空間，結合當地人文、自然景觀、生態、環境資源及農林漁牧生產活動，所形成的住宿型態。

（五）依旅客的停留時間分類

依旅客住宿時間，旅館又分為短期住宿、長期住宿、半長期住宿，各住宿特點說明如下：

1. 短期住宿：住宿一週以下的旅客。

2. 長期住宿：住宿一個月以上，且有簽訂合同的必要。

3. 半長期住宿：具有「短期住宿」的旅館特點，但時期較長，約半個月以上。

客房補給站

如何當個旅館經營達人？

在天下雜誌第 420 期〈魏秋富經營旅館就像耍特技〉一文中，曾報導原本是劇團表演者的臺北旅店副總經理魏秋富，他在一次表演中摔倒身體受傷，而離開了劇團，之後卻在旅館業施展他精通的「特技」。

此文中分享到，他每天早上上班第一件事，是仔細看過早餐的裝盤、菜色。再翻閱櫃檯主管交接班紀錄，抓到流程中的問題就立刻記錄下來討論。

聽說遇到冷氣故障，他西裝外套一脫，立刻充當水電工，一刻也不能影響住房率。公司的人說他經營旅館像是特技團總舵手，總是能整合每個部門主管提出的商業創意，然後找出有限成本下可執行的方式。例如房間需要設計，反而找實踐大學學生來執行，每間房間造型獨特，也因此在年輕旅客及網友間打下口碑，卻相對省下昂貴設計師的費用。在他的努力下，4 年內從只有一家旅館，擴張到 6 家平均消費額落在 1～3 千的平價旅社。

資料來源：節錄自天下雜誌第 420 期，〈魏秋富經營旅館就像耍特技〉一文。

（六）依旅館的所在地分類

依旅館的地點所在，可分為都市旅館及休閒旅館二種，前者以提供宴會及會議為主，後者則以休閒旅遊為主：

1. 都市旅館：位於都會區。有些規模較大的都市旅館擁有大型設施，可供宴會及國際會議使用。

2. 休閒旅館：多數設於海邊、湖畔、山林、遊樂區等景色優美地區。客數受到季節影響。

（七）依立地條件分類

依旅館所在地及附近的大眾運輸站或大型標的物為主要特色，旅館可分為公路旅館及鐵路旅館，以其便捷性吸引旅客前往住宿。

1. 公路旅館：專門開設在交流道附近的旅館，在臺灣多數為汽車旅館所取代。

2. 鐵路旅館或機場旅館：設於火車站及機場附近的旅館。例如臺中鐵路飯店、臺南鐵路飯店、日月潭涵碧樓。

（八）依服務分類

以四種服務等級做為旅館區分，其服務內容分述如下：

1. 高級服務：使用最高級的設施及專業培訓的服務員，以提供最高級的服務。

2. 經濟服務：最平價的花費，提供最符合經濟效益的享受。

3. 套房服務：提供單身人士在外居住，或小家庭居住兩房一廳的格局。

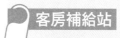

客房補給站

臺灣鐵道飯店

臺灣鐵道飯店是一棟臺灣日治時期的旅館建築，位於今臺北市中正區，臺北車站對面，忠孝西路、館前路、許昌街、南陽街所圍街區內，大門入口面臨今館前路。建物今已不存，現址分別為新光三越百貨公司臺北站前店，以及 KMall 時尚購物中心。

4. 休閒服務：提供現場表演、博弈、運動、娛樂等休閒服務。

1-2 ● 旅館的起源與發展

一、旅館的起源

在**東方社會**中，旅館是從以馬代步的年代，客人出外住宿客棧，而**客棧提供簡**

單食宿的模式開始發展的（圖 1-3）。
在**西方社會**的中世紀時，因為人們前往
教堂巡禮的風氣盛行，開始有 Hopitale
的出現，亦即供人住宿的教堂或教養
院，可供參拜者住宿，發展成為今日稱
為 Hotel（招待所）。**由宗教信仰朝拜、
接受熱忱餐飲及溫暖照顧的 Hospitale
熱忱服務**，演變為現今旅館注重人性的
服務。

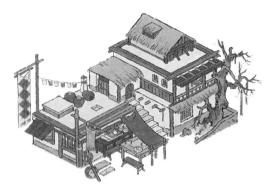

圖 1-3　在東方社會中，旅館的起源從以
馬代步的年代開始，那時稱之為客棧。

二、旅館的沿革

18 世紀末到 19 世紀中葉，隨著資本主義（Capitalism）經濟和旅遊業的產生
與發展，休閒旅遊開始成為一種興盛的經濟活動，**專為上層社會階級服務的豪華旅
館因應而生**（圖 1-22），其特點是規模宏大，建築設備豪華，裝飾講究，並且供應
精美食物，布置高檔家具，成為建築藝術的珍品；另外，旅館內分工協調明確，服
務品質到位，以及分層負責管理，這些作法都促進了往後旅館優良的管理制度。

在 **19 世紀末至 20 世紀年代，旅館因受工業革命的影響，逐漸演變為商務型
旅館**，服務對象是一般平民及洽商人員，主要接待商務客人為主，規模大但不豪華
奢侈，實行較低價格，使客人感到收費合理，物超所值。旅館經營活動完全商品化，
講究經濟效益，以獲利為主。注意人事費用比率，平均員工產值，提高工作效益。

20 世紀後隨著市場需求，旅館類型多樣化，也由於科技時代來臨，配合網路
行銷，訂房（Hotel Reservation）訂餐服務，使顧客更為便捷，自由行也因而增加。
並配合音樂、舞蹈、建築樣式、家具的設計等，使旅館事業已融入文化及藝術層次，
變成了人們生活中的一部分，成為 24 小時運轉的小社會服務型態，方便了大家的
生活。設備著重於國際會議及休閒活動的使用，經營方式更加靈活，使旅館走向連
鎖經營、集團化經營才能降低成本，並且結合異業企業合作。因而產生度假旅館、
度假村、綠色環保概念旅館等類型。

三、臺灣旅館的發展分期

東方古代的陸上交通工具為馬匹，因而發展出驛站，除了有小屋子供旅客休息
外，也有馬房讓馬匹棲所，這些客棧演變成今日的旅館。以臺灣為例，旅館演化歷
程又分為十大階段：

客棧時期（1942～1911 年）

清末民初的客棧形式，有如電影中常見的「龍門客棧」，這時期的客棧作為經商旅客人士棲身地，提供簡單的住宿場地讓客戶清潔及休息。當時客源多為小販，因此有「販仔的房間」（販仔間）的稱呼。戰後臺灣有些小旅社林立，人事組織單純，通常老闆兼伙計，這種小型態的旅館是民國初年產物。

日治時期（1895～1945 年）

此時期臺灣出現許多日式旅館，其店鋪名稱多含有閣、苑、莊、屋等字彙，尤以北投溫泉區一帶為多。在 1908 年臺灣鐵道飯店開立，臺灣出現第一家專業現代旅館，是日本皇族等大人物來臺投宿的地方。此時期的旅遊航線風氣，使得觀光旅館應運而生。

傳統旅社時期（1946～1955 年）

1949 年戰亂時代，因人民生活困苦，只有小旅社經營。而政府方面，則出現著名的圓山飯店、臺灣鐵路飯店、涵碧樓等招待所，當時因動員戡亂，旅館大都是大眾浴室及日式房間，衛生條件不佳。

觀光旅館時期（1956～1976 年）

1961 年政府宣布為臺灣觀光年，並實施 72 小時免簽證制度。當時有綠園飯店、華府飯店、國際飯店、臺中鐵路飯店、圓山飯店等，政府鼓勵建立國際觀光旅館。

1964 年臺北國賓大飯店由日本東急飯店，以及臺灣著名企業家聯合興建開幕，開啟了觀光旅館年代來臨，住客幾乎是日本旅客，當時還有中泰賓館（今改建為臺北文華東方飯店）、統一飯店（已改建辦公大樓）及臺南大飯店陸續開幕。

客房補給站

臺灣的旅館評鑑制度

臺灣曾於 1983 年及 1987 年實施「梅花等級評鑑制度」；2008 年 1 月 17 日改為「星級旅館評鑑計畫」；2009 年訂定「星級旅館評鑑作業要點」；目前旅館評等已經完全採以星級方式，依「星級旅館評鑑作業要點」內所訂定之星等評定標準進行評鑑。

客房補給站

旅館興建法規

1. 申請觀光飯店，需依「發展觀光條例」及「觀光旅館業管理規則」等法規辦理，並符合地方政府之建築法、消防法及都計法等法令，再向交通部觀光署申請。

2. 一般旅館設置，會依所在縣市或所處地區是商業或工業區而有所區別，並得依各縣市之「一般旅館設置自治條例」規定設置。

1971 年高雄圓山飯店開幕，1973 年希爾頓飯店開幕（今為凱撒飯店），使臺灣旅館正式邁入國際化新紀元，旅客大增，此時期為臺灣旅館業黃金時期，「梅花等級評鑑制度」開始實施。

大型國際觀光旅館時期（1977 ～ 1980 年）

當時為臺灣觀光熱潮，政府鼓勵有條件在住宅區興建國際觀光大旅館，並公布「都市住宅區興建國際觀光旅館處理原則」，以及「興建國際觀光旅館申請貸款要點」，在政府鼓勵下，臺北兄弟飯店、來來、亞都、美麗華、環亞、福華、老爺、高雄國賓等大型國際觀光旅館如雨後春筍般興起，來臺旅客突破100 萬人次。

旅館餐飲時期（1984 ～ 1989 年）

這個時期旅館生意競爭激烈，成本增加，來臺人數減少，但國民旅遊人數增加，正值臺灣經濟起飛，人民所得增加，餐飲消費能力大增，所以旅館業者開始引進國際美食，造成旅館餐飲收入超過客房收入。此時期有臺北老爺大酒店、臺北福華、力霸、臺中通豪、墾丁凱撒等旅館開業。1987 年政府修訂「觀光旅館建築及設備標準」開放觀光旅館的建築物，除風景區外，得在土地使用分區範圍內與百貨公司商場、銀行、辦公室等用途綜合設計共同使用基地，是為觀光業一大突破。

國際連鎖旅館時期（1990 ～ 2008 年）

1990 年之後，國際著名連鎖旅館體系進入臺灣市場，並引進歐美旅館管理制度，有別於臺灣及日本市場管理制度，此時期的旅館有凱悅、晶華、西華、遠東、長榮桂冠、漢來、霖園等國際大旅館，後有威斯汀連鎖系統的六福皇宮飯店，引進大部分世界馳名的經營管理技術人才及觀念，使臺灣進入國際化連鎖時代。但因 2003 年 SARS 疫情，不只臺灣，整個亞洲地區旅遊及旅館市場皆受到嚴重衝擊。

客房補給站

觀光新南向

因應陸客縮減及新南向政策，推動我國觀光發展轉型，臺灣政府以「創新永續，打造在地幸福產業」、「多元開拓，創造觀光附加價值」、「安全安心，落實旅遊社會責任」為目標，作為未來觀光施政方向，以促進臺灣觀光產業優化轉型、開發在地旅遊亮點、引導智慧觀光加值應用、推廣綠色運輸及關懷旅遊等，以優質觀光品質及品牌為口碑，提升臺灣觀光國際競爭力。

休閒旅館時期（1997～2010年）

因臺灣經濟成長，國民所得提高及週休二日的興起，臺灣人對休閒活動的安排日趨重視，加上都會區寸土寸金，因而加速旅館積極布局休閒產業，以多角化、跨區經營方式拓展版圖。海邊、風景區及主題樂園均同時興建度假休閒旅館，休閒旅館造價低，因旺季房價高、回收快而掀起熱潮，此時期有溪頭米堤、花蓮美崙、天祥晶華、墾丁福華、劍湖山王子大飯店、遠雄悅來、花蓮理想大地、池上日暉國際大飯店、福容等休閒旅館（飯店）的興起。

中國大陸客來臺時期（2010年～2016年）

由於政府開放中國大陸人民來臺灣旅遊，帶來了大量陸客，住宿便成為其中一項頭痛問題，因大陸旅行團價格較低廉，無法安排臺灣較高星級的旅館，故因應愈來愈多中國觀光旅客，臺灣民間興起改造舊型旅店及二、三星級旅館，重新裝修設計後參與營運，以填補短期所需。但為因應中國大陸人民大量來臺旅遊所創造的市場，將對旅遊市場造成深遠影響，也因此出現很多外行建築商所興建專業不足的旅館，以低價競爭，進而破壞市場機制，此狀況尤以嘉義縣市最為嚴重，其原因為因應阿里山大量遊客導致。

政府鼓勵南向政策、開發東南亞等其他市場（2016）

近年來，因政治影響兩岸關係，使得陸客縮減，政府為了解決旅館觀光客源問題，推出「新南向政策推動計畫」，從經貿合作、人才交流、資源共享與區域鏈結四大面向切入，並針對當前觀光產業狀況及未來發展需要，除持續深耕既有的港、澳、日、韓等觀光客源市場外（圖 1-4），也期待開發更多元的觀光市場，包括集中資源向東協 10 國，以及印度與不丹等 18 國進行行銷推廣，並擬定相關策略，包括簡化

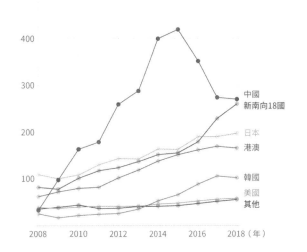

近10年各地來台旅客人次消長

中央社製圖

數據來源：交通部觀光局

圖 1-4　近十年各地來台旅客人次消長。新南向 18 國來台人數有明顯提升。

來臺簽證、增補服務人力、結盟南向推廣、區隔客群行銷、增設駐外據點、友善穆斯林旅客接待環境、推動郵輪市場發展等面向，希望臺灣成為「友善、智慧、體驗」之亞洲旅遊目的地。

因此，政府以「創新永續，打造在地幸福產業」、「多元開拓，創造觀光附加價值」、「安全安心，落實旅遊社會責任」等目標，透過五大策略「開拓多元市場、推動國民旅遊、輔導產業轉型、發展智慧觀光、推廣體驗觀光」作為未來觀光施政方向。

觀光五箭時期（2017-2019）

交通部觀光署提出「2020 觀光願景」，將台灣定位為「國際級休閒度假勝地」，並積極推動「觀光五箭」，其中包括「旅遊服務升級」、「觀光客源多元化」等，以提升台灣旅遊品質及吸引更多國際旅客。

新冠疫情席捲全球（2020-2022）

COVID-19 疫情全球大流行，重創觀光旅遊業，台灣旅館業在 2020 年出現大幅衰退，接待國際旅客人數僅剩 400 萬人次，是歷年最低紀錄。政府推出「紓困 4.0」、「振興三倍券」、「國旅振興輔助」等方案。

Taiwan Tourism 2030 台灣觀光政策白皮書確立台灣觀光發展以「觀光立國」為願景，建立政府各部門落實「觀光主流化」之施政理念，以宣示政府重視觀光的強度及高度暨推展觀光的決心與毅力，共同合作打造台灣成為觀光之島。爰此，觀光局將透過白皮書所研訂之「組織法制變革、打造魅力景點、整備主題旅遊、廣拓觀光客源、優化產業環境、推展智慧體驗」6 大施政主軸，針對包括修改不合時宜的法令、優化觀光產業、打造友善旅遊環境，提升品質、建立品牌等重點項目，使台灣觀光質量均衡蓬勃發展，以達成上述目標。

旅館業轉型（2023～）

疫情趨緩，觀光旅遊業復甦，2023 年來台國際旅客數達 1,200 萬人次，疫情後大多數旅館業營運模式有所變化或轉型，朝向數位化、多元化、在地化等發展，如：晶華酒店董事長潘思亮採用「郵輪式酒店」，轉型為城市渡假酒店，規劃出麗晶家庭學苑、兒童遊戲室、數種糖果點心花車、全天候 lounge、狂歡時段、頂樓游泳池的城市星空電影院、AI 中醫養生 SPA、大師登船表演、城市文化導覽、駐村藝術家等設施，成為在此疫情中成功獲利的飯店。

1-3 旅館的功能、產品及計價方式

旅館除了是住宿、餐飲、會議宴會的場所，同時也提供購物、娛樂設施、健康中心功能，並伴隨其設施與服務提供餐飲、按摩、SPA、健身、游泳、遊戲間、電動遊戲、理髮與衣物清洗等。依商務旅館、觀光旅館、汽車旅館、民宿、度假村等不同類型的旅館，又有其不同功能。

一、臺灣旅館分類

臺灣旅館業可分為兩類別，觀光旅館及一般旅館，依「發展觀光條例」第2條規定：「觀光旅館業係指經營國際觀光旅館或一般觀光旅館，對旅客提供住宿及相關服務之營利事業。」，需經交通部觀光署核可設立，兩者差別在於興級數及房間大小等差異，臺灣知名觀光旅館如：福容大飯店、晶華酒店等；一般旅館設立只需向地方政府申請報備，建築與設備較無觀光旅館限制多，與前者差別在於可先設立後申請，如：民宿、商旅、旅社等（表1-4）：

表 1-4　旅館的類型與內涵（依經營對象分類）

旅館分類	國際觀光旅館	一般觀光旅館	一般旅館
執照申請	○	○	X
主管機關	交通部觀光署	交通部觀光署	各縣市地方政府
旅館專用標識			

二、旅館的功能

若以旅館功能差異做為區分，可分為五種類型，其各類型的性質分述如下：

（一）商務旅館

商務旅館是提供因工作短期出差，或在外地工作的人長期居住的一種營利場所，具有基本設施及乾淨的住宿環境，可在最符合經濟效益的情況下，提供休息的場所，並節省花費。一般來說，商務旅館設立的地點多位於都會區，以商務旅客住宿為主，其旅館設施完善，如健身俱樂部、商務中心、會議室（圖 1-25）等。

（二）觀光旅館

觀光旅館是為公眾提供住宿、餐食及服務的建築物或設備，用以接待觀光旅客住宿及提供服務。不僅提供家庭性及餐食的設備，並有經主管機關核准設備完善的住宿設施。目前在臺灣的觀光旅館主要有國際觀光旅館與一般觀光旅館兩種。

（三）汽車旅館

汽車旅館是臺灣特別的一項產業，最早為提供情侶或夫妻外出休息住宿的用途，其設備及功能簡單；後號稱業界龍頭的薇閣汽車旅館出現，演變成如今附有 KTV、泳池、派對場所等娛樂性設施，其主題式的房間設計，掀起了一股模仿風潮，也開啟了臺灣汽車旅館界百家爭鳴的時代。房間愈來愈大、功能愈來愈強，因此常成為派對場所的首選，也被吸毒者視為天堂，成為治安死角。

（四）民宿

民宿（圖 1-26）在國外是一種很普遍的住宿形式，在臺灣則是因為週休二日的實施，使得近幾年形成風潮。它是一種結合當地人文、自然景觀、生態、農林漁牧活動，以家庭經營的形式，提供旅客鄉野生活的住宿場所，其地點主要設立在風景特定區、觀光區、國家公園、原住民地區、離島、農場經營及農業地區，提供旅客投宿休息的場所。

（五）度假休閒旅館

度假休閒旅館為因應觀光產業的發展，興建於遠離市區，位於海濱、山區、溫泉等地區，以健康休閒為目的的旅館，主要為融合當地的自然景觀與人文風俗，以滿足顧客休閒度假的需求。如溪頭的米堤大飯店、墾丁的凱撒大飯店即屬此類型旅館。

基礎概念篇

旅客服務篇

經營管理篇

行銷活動篇

三、旅館的產品

旅館所賣的產品分為有形與無形的商品，有形的為硬體：如環境、餐飲、設備，無形的則為服務及氣氛。

1. 氣氛：客人食用菜餚所感受到的香氣與美味，以及餐廳內的裝潢所帶來的舒適感。

2. 服務：服務人員應以客為尊、講求周到，所謂服務周到就是服務人員都能徹底盡己之責的去滿足客人的需要，並求得合理的利潤；也要了解顧客的心理，並去除顧客的不安全感。

3. 環境：一般觀光客出外旅行的主要目的，並非為住宿而來，而是因附近的優美自然環境及濃厚的人情味，所以旅館必須擁有優美引人的環境以招攬遊客。

4. 餐飲：旅客前往異地旅遊都懷有一種好奇感，先是嘗試當地道地風味餐點，並享受極佳的氣氛。旅客也要求餐飲精緻化，加上創意與變化外，同時要做到經濟實惠。

5. 設備：古時候旅客必須千辛萬苦跋山涉水，故投宿旅館是為休息所需，現代旅客是為享受而旅行，所以旅館的設備務必注意能使旅客感到輕鬆、清靜、整潔、方便，以及以生命財產的保障為首要，並應尊重私人的穩私。

四、旅館的計價方式

（一）計價方式種類

一般旅館房價會以是否含餐，區分為五類：

1. 歐式計價（European plan,EP）：多為臺灣觀光旅館採用方式，房價不包含其他費用，客人如有消費則記載客人房卡帳上，如：餐費、購物、洗衣等費用。

客房補給站

低碳節能 推廣綠色旅館

近年來，全球暖化與氣候變遷的影響，使旅館業開始意識到節能減碳的重要性，並期許自己成為對社會與環境更負責任的產業；惟推廣綠色旅館，首先要明訂委員會或各部門主管，負責旅館節能減碳之管理與監督，蒐集監控水，能源及廢棄物等相關資料，作為稽核與改善之用，同時向員工宣導節能減碳之規定及措施。其次，進行建築基地綠化，採用再生製品，以及採購環保車輛作為旅館用車，都是旅館業節能減碳的落實措施。

動動腦

就你所知，請列舉 2 家臺灣目前已有的環保旅館。

2. 美式計價（American plan,AP）：附三餐，不另外加錢。

3. 修正的美式計價（Modified American plan,MAP）：附二餐。

4. 歐陸式計價（Continental plan）：附歐式早餐。

5. 百慕達計價（Bermuda plan）：附美式早餐。

（二）定價方式

　　會因市場變化、銷售策略調整而有所變化，一般可分為以下五種方式：

1. 標準價（Rack Rate）：標準價是由旅館決策階層制訂，把各種不同類型客房的基本價格標示在旅館價目表上，這就是客房的原價，不包含任何折扣因素。當旅館提出不折扣政策時，客人就須支付標準房價。

2. 假日價：假日一般以標準價為主，由於旅客較多，故不予折扣。

3. 平日價：平日旅客比休假期間少，故旅館視狀況給予 8 ～ 9 折的折扣。

4. 團體價（Group Rate）：超過 16 人或 8 間房間均可用團體價計之，每家旅館給價方式不一。

5. 依旅館種類計價：在臺灣地區通常以國際觀光旅館與一般觀光旅館作為計價種類，前者計價受來臺旅遊人數的影響，而後者則可能受到國民所得經濟的影響，進而影響房價變化。此兩類旅館近年平均房價比較如表 1-5：（未列地區表示無同時擁有國際觀光旅館及一般旅館，故以有兩者之地區為主）。

客房補給站

美國 AAA 評鑑制度

　　台灣汽車旅館有著多方面的優勢，使其成為旅客在自駕遊時的理想選擇。首先，汽車旅館提供便捷的停車設施，滿足自駕遊客的需求，讓他們能夠方便停車並隨時出發探索目的地。這種便利性使得汽車旅館成為自駕遊愛好者的首選。

　　在激烈競爭下，汽車旅館裝潢甚至超越高級飯店水準，部分提供情境主題式房間，被冠以「時尚、精品汽車旅館」等名稱。這些旅館不僅提供一般住宿，還提供限時短暫住房服務（休息）。近年來，一些採用度假別墅和日常生活風格的汽車旅館也逐漸興起。汽車旅館的多元風貌，使其成為旅行者在台灣獨具特色的住宿選擇。

　　總體而言，台灣的汽車旅館結合了便利性、交通優勢、房型多樣性和價格實惠，為自駕遊客提供了愉悅、自由的住宿體驗，使他們更能輕鬆地享受旅途的每一刻。

表 1-5 近 2 年臺灣地區國際觀光旅館平均房價比較表

年度 地區	2022年		2021年	
	國際	一般	國際	一般
臺北	3,759	3,835	3,333	3,782
新北	4,092	4,031	3,809	3,318
宜蘭	8,292	2,882	7,836	2,787
桃園	4,454	2,765	3,652	2,783
臺中	2,502	2,865	2,298	2,724
嘉義	2,505	1,913	2,361	2,091
臺南	3,606	666	3,232	1,007
高雄	2,973	4,034	2,612	3,956
屏東	5,621	3,556	4,450	2,929
臺東	5,154	3,831	4,312	3,220
澎湖	3,691	2,160	3,030	1,842
平均房價	4,240	2,958	3,720	2,767

資料來源：中華民國交通部觀光署

五、星級旅館評鑑制度

星級旅館代表旅館所提供服務之品質及其市場定位，有助於提升旅館整體服務水準，同時提供不同需求者選擇旅館的依據。無論臺灣的飯店或國際飯店，應建立無可取代的競爭優勢，有利顧客住宿的選擇，也有利於旅館的競爭。有了星級的加持，消費者更放心，也是商機的保證。因此，了解旅客對於官方的觀光旅館評鑑，是否有助於旅客的選擇；旅客對星級評鑑旅館品牌形象的認知並衡量其價值後，是否產生選擇星級評鑑旅館之意願，進而有利於市場競爭優勢。

交通部觀光署在 2017 年，從將近 500 家飯店中，不論星等，精心嚴選出 60 家優質旅館推薦給大家，活動也因此命名為「星旅 60」。第一波名單更以「有故事、超值、好好吃、精緻舒適、創意好好玩」等五個類別作為宣傳主題。入選飯店，包括阿里山賓館、承億文旅集團、福朋喜來登飯店等共 30 家飯店，並邀請旅遊部落客撰寫體驗報導廣為宣傳。

　　觀光局參考美國 AAA 評鑑制度，自 2009 年起，辦理臺灣星級旅館制度，以國際共通的評量標準，精準地與國際市場接軌，也透過國際評鑑制度，讓民眾認識更多精緻旅店、旅遊住宿。評鑑等級區分如表 1-6：

表 1-6 星級旅館之評鑑等級及基本條件比較表

旅館等級	評鑑等級意涵	基本條件
☆ （基本級）	提供旅客基本服務及清潔、安全、衛生、簡單的住宿設施。	1. 基本簡單的建築物外觀及空間設計。 2. 門廳及櫃檯區僅提供基本空間及簡易設備。 3. 設有衛浴間，並提供一般品質的衛浴設備。
☆☆ （經濟級）	提供旅客必要服務及清潔、安全、衛生、舒適的住宿設施。	1. 建築物外觀及空間設計尚可。 2. 門廳及櫃檯區空間舒適。 3. 提供座位數達總客房間數百分之二十以上之簡易用餐場所，且裝潢尚可。 4. 客房內設有衛浴間，且能提供良好品質之衛浴設備。 5. 24 小時服務之櫃檯服務。（含 16 小時櫃檯人員服務與 8 小時電話聯繫服務）。
☆☆☆ （舒適級）	提供旅客親切舒適之服務及清潔、安全、衛生良好且舒適的住宿設施，並設有餐廳、旅遊（商務）中心等設施。	1. 建築物外觀及空間設計良好。 2. 門廳及櫃檯區空間寬敞、舒適，傢俱品質良好。 3. 提供旅遊（商務）服務，並具備影印、傳真、電腦及網路等設備。 4. 設有餐廳提供早餐服務，裝潢良好。 5. 客房內提供乾濕分離及品質良好之衛浴設備。 6. 24 小時服務之櫃檯服務。

旅館等級	評鑑等級意涵	基本條件
☆☆☆☆ （全備級）	提供旅客精緻貼心之服務及清潔、安全、衛生優良且舒適的住宿設施，並設有二間以上餐廳、旅遊（商務）中心、宴會廳、會議室、運動休憩及全區智慧型網路服務等設施。	1. 建築物外觀及空間設計優良，並能與環境融合。 2. 門廳及櫃檯區空間寬敞，舒適，裝潢及傢俱品質優良，並設有等候空間。 3. 提供旅遊（商務）服務，並具備影印、傳真、電腦等設備。 4. 提供全區網路服務。 5. 提供三餐之餐飲服務，設有一間以上裝潢設備優良之高級餐廳。 （可容納十桌以上、每桌達十人）。 6. 客房內裝潢、傢俱品質設計優良，設有乾濕分離之精緻衛浴設備，空間寬敞舒適。 8. 服務人員具備外國語言能力。 7. 提供全日之客務、房務服務及適時之餐飲服務。 9. 設有運動休憩設施。 10. 設有宴會廳及會議室。 11. 公共廁所設有免治馬桶，且達總間數百分之三十以上；客房內設有免治馬桶，且達總客房間數百分之三十以上。
☆☆☆☆☆ （豪華級）	提供旅客頂級豪華之服務及清潔、安全、衛生，且精緻舒適的住宿設施，並設有二間以上高級餐廳、旅遊（商務）中心、宴會廳、會議室、運動休憩及全區智慧型無線網路服務等設施（圖1-5）。	1. 建築物外觀及室內、外空間設計特優且顯現旅館特色。 2. 門廳及櫃檯區寬敞舒適，裝潢及傢俱品質特優，並設有等候及私密的談話空間。 3. 設有旅遊（商務）中心，提供商務服務，配備影印、傳真、電腦等設備。 4. 提供全區無線網路服務。 5. 提供三餐之餐飲服務，設有二間以上裝潢、設備品質特優之各式高級餐廳，且有一間以上餐廳實施食品安全管制系統（HACCP） 6. 客房內裝潢、傢俱品質設計特優，設有乾濕分離之豪華衛浴設備，空間寬敞舒適。 7. 提供全日之客務、房務及客房餐飲服務。 8. 服務人員精通多種外國語言。 9. 設有運動休憩設施。 10. 設有宴會廳及會議室。 11. 公共廁所設有免治馬桶，且達總間數百分之五十以上；客房內設有免治馬桶，且達總客房間數百分之五十以上。

旅館等級	評鑑等級意涵	基本條件
卓越五星級 （標竿級）	提供旅客的整體設施、服務、清潔、安全、衛生已超越五星級旅館，可達卓越之水準。	1. 具備五星級旅館第一至十項條件。 2. 公共廁所設有免治馬桶，且達總間數百分之八十以上；客房內設有免治馬桶，且達總客房間數百分之八十以上。

圖 1-5 中華民國星級旅館評鑑參考美國 AAA 評鑑制，委託社團法人台灣評鑑協會辦理評鑑。評鑑委員均為觀光相關產業專家並經專業培訓，評鑑結果極具公信力。一旦通過評鑑，交通部觀光署將頒發已向經濟部智慧財產局註冊的星級旅館標章供星級旅館懸掛，並大力宣傳，讓消費者辨識。

基礎概念篇　第 **2** 章　旅館規劃設計

　　旅館設計首重「動線」，不管是客房 (Guest Room)、餐廳或採購、後勤補給等動線，最理想的狀態是員工與顧客的走道能分開。在臺灣常見建築規劃者因沒有經營旅館經驗，而貿然投入興建，造成開幕後營運諸多不便，再重新改善軟硬體設施 (Facility) 而造成不少損失。旅館動線、客房、餐廳、消防安全設施，由小至大都非常重要，須有專業課程的引領，本章概述重點，讓學生們對於旅館規劃有基礎認識。

　　學習目標：

- 了解旅客和員工的使用動線及差別。
- 認識各項設備的擺設重點。
- 學習旅館各部分設計與規劃的要點。
- 培養對旅館規劃的基礎概念。

旅館紛紛進駐林口 經營行不行？

2019 年 6 月 27 日的臺灣，有一篇報導〈大林口國際未來城多鐵共構，雙語學校、商場旅館紛紛進駐〉，再則便利的捷運，已澈底改變生活型態。約 22 分鐘可抵達多鐵共構的臺北車站，輕鬆串連臺鐵、高鐵、多線捷運。因有 64 快速道路、65 快速道路，以及中山高的交通優勢。走平面道路，經青山路，銜接新莊，只要 10 分鐘，輕鬆串聯 64、65 快速道路或進入臺北市區。想要出國洽公或旅遊，只要 26 分鐘，即可抵達國際機場 A12 第一航廈站，與世界接軌。生活機能與民生採買皆很方便，因此許多旅館紛紛進駐。

2-1 ● 旅館空間規劃

　　旅館以「與客人接觸與否」為基準，可將空間概分為前場 (Front Court) 與後場 (Back Court)。前場包含餐飲區、前檯及客房；後場主要以員工休息室、倉庫及機房為主（圖 2-1）。以下就前場與後場簡述之。

動動腦

　　你認為在林口設置旅館，能否經營成功？

前場　餐飲區　前檯　客房　須與客人接觸

後場　員工休息室　倉庫　機房　不須與客人接觸

圖 2-1　旅館的前後場概分

一、前場

　　前場的餐飲區，是現代旅館不可或缺的設施，現代旅館通常會將早餐服務加入房價中，作為套裝商品（圖 2-2），甚至有些旅館以「一泊二食」（圖 2-3），住宿一晚並提供早餐及晚餐的套裝行程宣傳，其餐飲也是旅館重要的收入之一。前場前檯的功能是進行早上遷出或晚間遷入的作業。80 間客房以內的旅館，安排一人在前檯服務、一人在辦公室待命，可降低人力成本。

　　在客房方面，因新世代旅客發育良好、平均身高增高，故近年的新旅館客房的床舖常採用長度 210 cm 的規格，以利使住宿旅客有較舒適的睡眠品質。除了床舖，客房的衛浴設備也是與旅客生活有密切關係的設施，通常以實用、乾溼分離為主要設計重點（圖 2-4）。除此之外，客房內應設立有線電視頻道、獨立空調設備、日常電器用品、全棉毛巾及拖鞋、工作檯、咖啡與茶水，以及沖泡設備。

圖 2-2　日本也有以旅館本身附有美味早餐為賣點的宣傳文宣。

圖 2-3　一泊二食套裝行程宣傳文宣。

圖 2-4　乾溼分離的浴廁設計較為衛生、實用，並為大多數旅客所喜愛。

「設計旅店」的風潮

出國旅行，你會選擇跟團住飯店，還是自助旅行找旅舍呢？儘管各有利弊，但你不得不承認，「自助旅行」因為有更多的彈性時間，還能依據個人喜好量身打造，也因此，愈來愈多人喜歡這樣的旅行方式，進而興起「設計旅店」的住宿風潮。

設計源自於人的使用需求，因此機能性絕對是首要考量，在滿足機能性後，則進而提升外形美觀度，也就是將設計融入生活，低調內斂地和空間結合，旅客居住時並不自知，怡然享受。此外，「設計旅店」要與在地文化結合，例如：台北市「天成文旅 - 華山町」，其坐落於台北華山 1914 文化創意產業園區旁，基地興建於 1952 年，原為第一銀行所屬的倉庫，透過歷史與文化的考究，打造成融入銀行元素、製酒文化的主題設計飯店。它不只提供旅客簡單住宿，更為旅程帶來翻倍驚喜與樂趣。

二、後場

後場通常可分為員工休息室、倉庫及機房。員工休息室主要為提供給員工休息的場域，其設施有更衣室、盥洗室、員工餐廳等後場空間；倉庫主要提供員工存放備品、備服、布巾、員工制服，以及文具印刷品等非食品類的物品；至於機房，則設置於非員工休息室及倉庫的其餘後場空間內。

2-2 ● 客房的規劃與設計

客房為旅館的重要設施之一，其所占空間比例最高，是住客活動的主要區域，因此客房設計除了豪華精緻的考量以外，實用性亦為其重點。

1. 客房的種類：客房分為單人、雙人、三人、四人套房、連結房、總統套房、和室等種類。

2. 客房機能規劃：依空間機能分為浴室、客廳、化妝室及浴廁間。

3. 客房的設計重點：其設計首重配電管控制、房間控制系統、管道間的分配、隔音 (Sound Proof) 設備等規劃。並考量電梯口出入位置等距分配，易於尋找客房房號，且每層樓均須有合乎法規的消防設備，以及隱藏式監視器，使住客享有安全的居住環境。

一、控制系統設計

　　旅館的控制系統設計（圖 2-5），**主要是為使客房住宿更加舒適，並減少服務人員對房客打擾的次數**。目前控制系統常見開關及控制面板如下：

1. 電燈總開關
2. 門燈開關
3. 左右床頭燈開關
4. 化妝燈開關
5. 小夜燈開關
6. 茶几燈開關

7. 浴室燈開關
8. 冷氣風速開關
9. 音樂頻道選擇、音量調整
10. 電視電源、頻道開關
11. 子母時鐘
12. 其他依旅館屬性而設置的控制系統

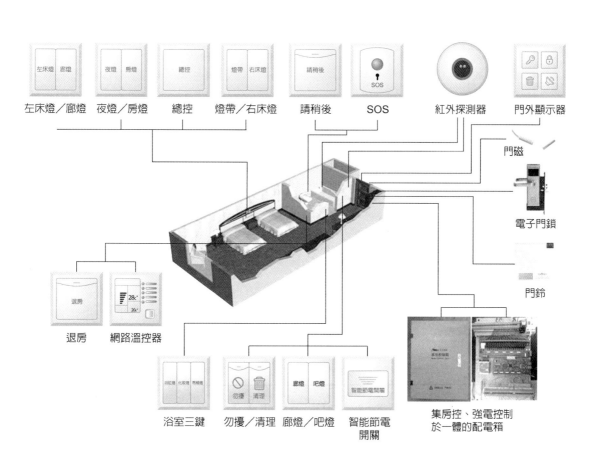

左床燈／廊燈　夜燈／房燈　總控　燈帶／右床燈　請稍後　SOS　紅外探測器　門外顯示器

門磁

電子門鎖

門鈴

退房　網路溫控器

浴室三鍵　勿擾／清理　廊燈／吧燈　智能節電開關

集房控、強電控制於一體的配電箱

圖 2-5　各類的客房開關及控制面板

圖 2-6　圖左按鈕為「請打掃」；圖右按鈕為「請勿擾」。某些旅館設有指示燈，房內休息時不受外界打擾，維護隱私權，提高服務品質。

　　有些旅館亦設置請勿打擾，以及請打掃房間的按鈕，前者主要用來提醒門外的人，房客不希望受干擾（圖 2-6）；而後者主要是用來提醒旅館打掃人員可以前來打掃。

二、鑰匙或房卡

　　現今多數旅館採用卡式鑰匙 (Card Keys)，可隨時更換設定時間，無須繳回，其卡片正反面亦可做旅館廣告，每片成本約新臺幣 15 ～ 20 元。卡片鑰匙會記錄進入房間的時間，以及可以分辨何者於何時進入房內，對於旅館安全又多一層保障（圖 2-7）。

三、衛浴設備

　　衛浴設備的設計，不但要求舒適乾爽，其未來維修考量也是一大關鍵。每間房間的衛浴開關及供給、排放設備，應該為獨立設置，避免未來故障時，影響其他客房的使用。規劃時更應注意衛浴及排水聲響，以免干擾隔壁房客，這也是影響旅客對於旅館觀感的一大要點（圖 2-8）。

四、客房的安全

　　客房首重安全性，要留意不能有視線所不能及的死角，且設計應有符合國家規定的設備，提供顧客舒適安全的客房。

圖 2-8 旅館浴廁的設置應以乾濕分離的方向為設計要點

衣櫥

五、客房家具

　　旅館的客房家具基本配備有衣櫥、床頭櫃、寫字桌、茶桌（圖 2-9）。其主要以堅固、不易損傷、方便清潔、安全、符合人體工學為主。應避免不實用及過度裝飾的設置。

床頭櫃

1. 衣櫥：一般衣櫥主要設置於房門入口處，除了收藏衣服，亦可收藏房內被枕。

2. 床頭櫃：主要用來放置檯燈、電話，以及旅客隨身攜帶的物品，其設計以讓旅客不必起身就能伸手拿取東西為主，但最好高於床鋪 3 公分，以避免房客睡覺時，無意識的打落桌上物品。

3. 寫字桌：由於許多旅館的主要客戶是商業人士，因此寫字桌也是客房的主要設施。另一方面，為節省成本，最好能兼有化妝桌的功能，故材質應以不被酒精腐蝕為主。

寫字桌

4. 茶桌：客房內茶桌則以耐熱、抗菌的美耐板類，或大理石類等建材製造為佳。

六、隔音

　　在旅館的客訴中，旅客最常以「隔音設備不佳」為主要抱怨事由，故旅館必須特別注意客房

茶桌

圖 2-9 各式客房家具。

的外壁、窗戶、門縫等隔音設備是否完善，例如窗戶可使用雙門窗，或者以加厚外壁等方式來達到隔音效果，另外應留意防止室外談話聲、空調出風口的聲音、走廊腳步聲，以及手機聲響，以提供旅客安靜的休息空間。

七、空調

旅館規劃設計中，空調的舒適度是重點之一，因各空間有不同的用途及人員密度，故須有不同的空調設置，另外因應節能趨勢，內政部營建署對於旅館餐飲類建築物的節約能源亦有其設置標準，如表 2-1。

表 2-1　旅館餐飲類建築物內部各類空調空間分類表

空調空間分類	空調時間	空間名稱、用途	人員密度 (人/m²)	人體顯熱發熱量(W/人)	照明密度 (w/m²)
第一類	24 小時系統 0:00～24:00	客房部、大廳、電梯廳、接待、辦公室、交誼室、職員休息室、設備控制室、電話交換機室、走廊及其他全日空調之空間	0.07	54	15
第二類	12 小時系統 10:00～22:00	商店、餐廳、宴會場、會議室、咖啡廳、及其他商業營業空間	0.3	60	30
第三類	10 小時系統 8:00～18:00	行政部門內之辦公室、會議室、及其他辦公用空間	0.1	54	20
第四類	6 小時系統 18:00～24:00	夜總會、舞廳、遊藝場、吧檯、酒吧、三溫暖、公共浴室、及其他夜間營業用空間	0.3	54	15

資料來源：內政部營建署旅館餐飲類建築物節約能源設計技術規範

2-3 ● 廚房的規劃與設計

廚房的規劃包含進貨驗收區、前處理區、冷凍及乾貨區、前製備區、烹煮區、熟食供應區、回收洗滌區、餐具洗滌設備區等八大地區。理想的廚房面積約占總餐廳面積 1/3～1/4，一方面是廚師在面積較大的廚房裡，無論是做菜，或者是在動線的安排上都會較方便及順暢；另一方面則是可將生熟食分區擺放，以降低交互感染的機率（圖 2-10）。

圖 2-10 理想的廚房面積約占總餐廳面積 1/3～1/4。

1. 進貨驗收區：進貨驗收區主要是驗收人員及主廚，用以對食材數量及品質檢驗的地區，為確保食材品質，設備上多為不鏽鋼操作檯。其空間應保持暢通，讓驗貨人員能夠快速驗貨入庫，確保食物新鮮，且操作人員應避免將食材放在地上，故應設置食物存放架或棧板（圖 2-11），以做為臨時擺放進貨食材用。

2. 前處理區：前處理區通常以含水源清洗檯的不鏽鋼操作檯作為基本設備，其操作檯用來處理須去皮、清洗、篩選的食材，以及入庫前進行切割、處理的食材，方便後續領用烹調。

3. 冷凍及乾貨區：為避免食材受潮，乾料庫房應獨立設置，並設有空調及溫濕度控制設備，並加裝紗門、紗窗以防病媒侵入，另為避免食材置於地上，故應有食材存放架或棧板。

4. 前製備區：前製備區的處理檯以不鏽鋼為主要材質，並應有寬敞的空間，以及設有三槽式水槽，以供生鮮食材烹調前的前置作業所用，另應設置刀具及砧板消毒設備等，以達衛生要求。

圖 2-11 應將食材及備料置於存放架或棧板，以免受潮。

5. 烹煮區：主要烹調設備機具區，應與前製備區有明顯的區隔，爐灶上須裝設排油煙罩及油煙過濾系統（圖2-12），避免汙染空氣進入餐廳外場熟食供應區。烹調區應設有供廚房工作人員洗手專用的清潔劑、擦手紙巾，或其他乾手設備，並貼有正確的洗手方法標示圖，或提醒烹調前先洗手的標語。

圖 2-12 烹煮區須有油煙過濾系統，以避免汙染空氣進入餐廳外場熟食供應區。

6. 熟食供應區：餐廳及廚房出入口應以自動門為主，以防止室內外溫度頻繁交流及蚊蠅侵入。供餐出菜口應備有保溫防塵的設施，並提醒外場服務人員盡速將餐食送達消費者桌上，以確保食物的衛生及新鮮。

7. 回收洗滌區：回收洗滌區包括餐具洗滌及殘餘物回收區，應與食物做有效區隔，以避免交互汙染。使用設備上多為高溫自動洗碗機或合乎標準之三槽式人工洗碗設備，並設置足夠容納所有餐具之餐具存放櫃，且存放在無汙染易清潔處。

8. 餐具洗滌設備：**餐具洗滌應設置三槽式洗滌設備**（圖2-13），分述如下：

   (1) **清洗**：使用強力水柱將附著於餐盤上的油汙及殘渣沖去，如水溫能維持在45℃左右更能有效溶解油汙，增加清洗效果。清潔劑稀釋於水槽中，將餐具及餐盤置入，並以毛刷或菜瓜布清洗，以達完全去汙的效果。

   (2) **沖洗**：第二槽使用流動式水流，水槽設有溢流閥，使漂浮在水面上的清潔劑往外流走，並使用抹布或海綿將清潔劑洗淨。

   (3) **消毒**：第三槽為消毒槽，置入熱水或消毒藥劑、氯水 (150～200 ppm) 消毒，完成洗滌程序後，應將餐具及餐盤烘乾或晾乾，置入餐盤收藏櫃中。

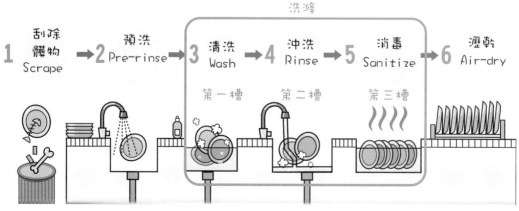

圖 2-13 三槽式洗滌設備

第 3 章　旅館服務與形象建立

　　旅館的品牌形象建立，可以是種無形的承諾、保障和契約，更可以成為有效溝通的代碼，並建立顧客忠誠度。卓越的服務不是偶然，是規劃管理的結果，從服務的設計到提供，從保持高效率的作業，到確保服務品質的良好與一致，都需要規劃管理。服務策略應與目標市場和服務公司長期配合，將能夠創造持續性的盈利能力。本章除介紹服務面向與顧客關係，亦探討旅館經營形象管理的基礎概念。

　　學習目標：

- 提工旅館特色經營創意，引導對於旅館設計的理念與文化嗅覺。
- 認識服務管理的職能。
- 了解服務產品的設計與提供流程。
- 學習旅館形象建立對於旅館經營的重要性。
- 建立顧客導向的服務態度。

無法取代人類　機器人飯店解雇過半機器人

日本有全世界第一家機器人飯店奇怪飯店 (Henn na Hotel)，2015 年開幕，最高峰時期，從櫃臺人員、接待，到搬運行李或客房服務，全都由機器人來完成工作，但短短不到四年時間，卻傳出這間機器人飯店放棄了絕大多數機器人的使用，改回人力，機器人到底現在有沒有辦法取代人類，在這裡或許就能找到答案。

資料來源：TVBS 新聞臺 2019/06/23 新聞

3-1 ● 服務與顧客的關係

> **動動腦**
>
> 機器人可完全取代人類工作嗎？

一、旅館的服務

就旅館經營而言，服務是一種無形的商品，購買商品時幾乎都伴隨著服務，消費享用服務時也伴隨著商品，所以商品和服務之間的關係很密切。

服務是在旅客消費的同時產生，旅館通常參與服務提供的過程，其關係是長期且持續的，服務人員可以自主判斷以滿足顧客需求的程度，對某些服務和顧客而言，速度、一致性和合理的價格，有時比顧客化服務要來得重要，因此，旅館的服務行銷可以把重心放在顧客與服務人員的互動過程，以及提供合理的價格為主。

二、服務的面向及性質

（一）顧客親身體驗

服務最重要的是如何讓顧客積極地參與過程，而顧客的知識、經驗、動機等，對服務績效有莫大的影響。如果顧客會出現在服務現場，服務環境的設計對顧客的影響更是不容忽視的，對顧客而言，服務就是服務環境的親身經歷，服務設計如果符合顧客的觀點，一定能為服務品質加分，即便只是牆壁的顏色，都可以帶給顧客不一樣的心情。

> **客房補給站**
>
> ### 顧客關係管理
>
> 在顧客預訂後能夠主動管理顧客關係是非常重要的，以下是三個理由。
>
> 1. 您可以馬上建立顧客忠誠度。
>
> 2. 您可以在旅客最期待的時候與他們互動聯絡。
>
> 3. 留住既有顧客並提高回客率，使之事半功倍。
>
> 資料來源：tripadvisor 旅館業的行銷資源

（二）充分利用服務能量

服務能量是一個旅館所能夠進行有效的服務操作及活動的能源。服務能量的管理，設備的有效利用，減少設備閒置時間，都是服務管理的重點。所以，充分利用服務能量是服務管理的一大重點。旅館是一種有接觸才有服務，有服務才有利潤的行業，因此不管是服務人員親訪或是顧客光臨，顧客和服務人員都必須有所接觸。而服務品質的控制不容易進行，因為服務沒辦法預先儲存，而顧客的需求是變動的，故變動需求就是服務管理的一大挑戰。

顧客對服務的需求通常以一種週期性的行為，有尖峰和離峰的變動，**面對服務需求的變動和服務能量的易逝性，服務管理可以採取三種策略：**

1. **分散需求**

   (1) 利用預約或是保留。

   (2) 利用價格誘因（離峰時段打折）。

   (3) 行銷離峰時段（尖峰時段反行銷，見圖 3-1）。

2. **調整服務能量**

   (1) 在尖峰時段雇用臨時工。

   (2) 根據服務的需求量排班。

   (3) 增加顧客自助式服務的內容。

圖 3-1 針對離峰時段住宿進行促銷，可增加住房率，並降低營運成本，提高業績。

3. 讓顧客等待：可能得承擔顧客不滿意、抱怨、甚至失去顧客的風險，是屬於消極的作法。

（三）服務的價值

服務價值(Service Value)是指隨著商品的出售，旅館向顧客提供的各種附加服務，包括商品說明、保證、服務、品質所產生的價值。

在旅館市場營銷實踐中，隨著消費者收入水平的提高和消費觀念的變化，遊客在選擇旅館時，不僅注意旅館本身的有形商品，也更加重視住宿附加價值的總和，因此在提供優質住宿的同時，提供旅客完善的服務，已是現代旅館市場競爭的重點，以下為服務價值的七要素：

1. 顧客忠誠度等於利益與成長，是營利的重要決定因素。

2. 顧客滿意度等於顧客忠誠度。

3. 價值等於顧客滿意度。

4. 員工生產力等於價值。

5. 員工忠誠度等於員工生產力。

6. 員工滿意度等於員工忠誠度。

7. 內部品質等於員工滿意度。

> **動動腦**
>
> 請先閱讀右頁客房補給站，再想想看如果你想進飯店業，可先從哪裡著手？

（四）服務的要素

要將服務能量最大化，可將服務分為結構上及管理上等二大要素去執行。

1. 結構上的要素

   (1) 提供系統：前檯與後檯、自動化、顧客參與。

   (2) 設施設計：大小、美學、布置。

   (3) 位置：顧客人口統計、單一或多重服務點、競爭、服務點特性。

   (4) 服務能量規劃：等候線管理、服務人員數量、供給的一般性或尖峰需求。

2. 管理上的要素

   (1) 服務接觸：服務文化、動機、人員的選擇與訓練、授權。

   (2) 品質：衡量、監控、方法、期望與認知的對比、服務保證。

   (3) 管理能量與需求：改變需求與控制供應的策略、等候線管理。

   (4) 資訊：競爭資源、資料蒐集。

飯店業 11 大面試經典考題

1111 人力銀行分享〈如何進入飯店業？揭密 11 大面試經典考題〉一文：不少人嚮往去飯店業工作，但要進入這一行，關鍵在於求職者的「態度」是否正確。因此，主管面試時，會偏重個人特質去詢問，以下分享大飯店面試經典考題：

1. 請你簡單地自我介紹？

參考：由於飯店業最常與「人」相處，在自介裡，除了基本資料簡介外，可以分享自己熱愛人群、具有服務熱忱的經驗，比如：過去相關工作背景、曾經辦過什麼活動、喜歡結交新朋友等，都是面試時會加分的描述，當然，如果能準備英文自介則更好。

2. 你為什麼想做飯店業？

參考：如果每個人都回答：「因為我對這個產業有興趣，想在這裡學習不同經驗」，那肯定被主管打槍，如果你可以分享一個和飯店有關的故事，引發你想進入這一行的動機，說服力就會大大提升。

3. 面對壓力時，你如何面對？

參考：飯店第一線服務，得隨時面對來自顧客的壓力，如無法調整心態，很快就會陣亡，因此主管會想了解求職者如何與壓力共處、管理情緒，如果有實例佐證更好。

4. 如果服務遇到客訴，你該如何處理？

參考：這一題考驗求職者的危機處理能力，回答時可以扼要表達自己具有「分析問題」、「找出適合的人來處理」及「化解危機」的應變能力。

5. 你的優點和缺點？

參考：優點部分，可以用實例強調自己「熱情樂觀」、「抗壓性高」的人格特質，缺點部分，可以描述表面上看來不好但在飯店業看來是不錯的特質。

例如：「容易想太多」→「在飯店業也能為客人多想一點，就能提供差異化服務」。

「個性很龜毛」→「龜毛個性符合飯店業注重服務品質和要求細節的特性」。

6. 請分享你曾經歷較好的住宿經驗：

參考：飯店業非常重視服務，因此主管想藉由這一題了解求職者對於「什麼是好的服務？」，有基本的概念與看法。

7. 如果有機會錄取飯店工作，你要怎麼在最短時間內上手？

參考：這部分考驗求職者是否能夠適應環境，並懂得運用方法熟悉職務內容，「向同事請教」、「自己整理工作 SOP」、「向外吸收產業新知」都是快速上手的方式。

8. 在飯店工作，你最注重的是什麼？

參考：飯店因工作流動率不低，主管會認為如果這份工作能滿足你最重視的需求，那麼你能留下來的機率也就大大提高。例如：同事間的相處、主管開放式領導、在工作中獲得成長等。

9. 我為什麼要僱用你？錄取後你可以為這家飯店貢獻什麼？

參考：這部分可以將之前提到的個人優點與工作做結合，展現自己的強項，增加主管錄取的動機，此外，可以分享自己過去的「工作／工讀／實習」的成功經驗，套用在目前面試的飯店職務中。

10. 你對自己的生涯規劃？

參考：如果你應徵的是「飯店櫃檯人員」，你可以表達想從基層做起，希望未來有機會擔任管理職，如果應徵的是「服務員」，可以表達想做到領班職位，展現企圖心。

11. 你是否有什麼問題要問我？

參考：這部分可以向主管詢問公司對於該職務期許的目標、未來規畫跟教育訓練方式，同時也可以向主管詢問在飯店工作的辛苦之處和成就感，以展現自己對於這份工作的興趣，最後，若對於飯店福利制度和升遷方式有疑問，也可以趁這時候提出。

3-2 ● 服務禮儀與規範

　　整潔的儀容（圖 3-2、3-3），得體的應對，是現代社會中建立良好人際關係的第一步，尤其對服務業而言，禮儀儀容更是重要。旅館中的每一服務人員，都代表著旅館的形象，其個人的表現，都會影響他人對旅館的印象及聲譽。

一、服務精神

　　從事服務業，首先應具備愛人的美德與為人服務的熱忱，充分發揮敬業樂群的精神，真誠處事，和氣待人，如此才能在此行業中有所發展。

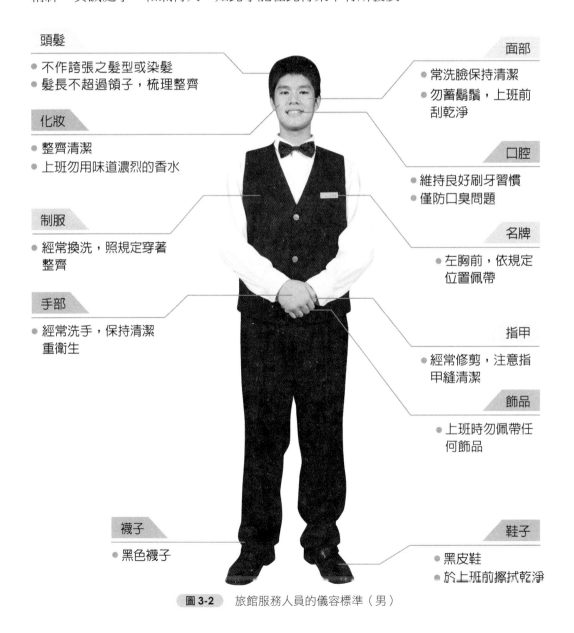

頭髮
● 不作誇張之髮型或染髮
● 髮長不超過領子，梳理整齊

化妝
● 整齊清潔
● 上班勿用味道濃烈的香水

制服
● 經常換洗，照規定穿著整齊

手部
● 經常洗手，保持清潔重衛生

襪子
● 黑色襪子

面部
● 常洗臉保持清潔
● 勿蓄鬍鬚，上班前刮乾淨

口腔
● 維持良好刷牙習慣
● 僅防口臭問題

名牌
● 左胸前，依規定位置佩帶

指甲
● 經常修剪，注意指甲縫清潔

飾品
● 上班時勿佩帶任何飾品

鞋子
● 黑皮鞋
● 於上班前擦拭乾淨

圖 3-2 旅館服務人員的儀容標準（男）

（一）服務業的性質

服務業顧名思義是靠服務賺錢的行業；在旅館中，硬體設備的優劣及食物的好壞，固然重要，軟體服務品質及服務態度更是決定企業成敗的關鍵；故軟、硬體兼顧，是一流飯店應具備的條件。

（二）一視同仁的服務

對待顧客，絕不可有差別待遇，對本國客人與外國客人的服務及態度，應能一視同仁，予以勤快熱忱的服務，以避免給人冷漠的印象。

頭髮
- 不作誇張之髮型或染髮
- 髮長不超過肩膀，梳理整齊

化妝
- 淡妝為主，口紅隨時補充
- 上班勿用味道濃烈的香水

制服
- 經常換洗，照規定穿著整齊

飾品
- 上班時勿佩帶任何飾品，如：手環，腳環，戒指
- 耳環以小型，不超過耳垂的長度為原則

鞋子
- 黑色平底或低跟皮鞋，涼鞋，短靴皆不可
- 於上班前擦拭乾淨

面部
- 平時注意清潔保養的工作
- 隨時以吸油紙處理皮膚出油問題題，保持清爽

口腔
- 維持良好刷牙習慣
- 僅防口臭問題

名牌
- 左胸前，依規定位置佩帶

指甲
- 經常修剪，不可過長
- 不塗指甲，注意指甲縫清潔

手部
- 經常洗手，保持清潔重衛生

襪子
- 膚色絲襪

圖 3-3 旅館服務人員的儀容標準（女）

（三）同事相處

除對外講求禮儀，同事間的和氣相處，愉快的工作氣氛，也是使大家「樂在工作」的重要因素；故平日同事間應有的禮貌招呼，亦不可省。虛心求教，認真學習工作及生活體驗，更是新進員工應有的心理準備。

二、笑容表情

笑容是國際語言，它不但能帶動氣氛，亦是化解冷場或誤會的最佳緩和劑；在服務業中，面帶笑容更是面對顧客時最基本的禮貌（圖 3-4）；故擁有真誠美好的笑容，是學習禮儀的第一步。請注意下列重點：

1. 隨時保持微笑，即使單獨一人時亦同，要使微笑成為習慣。
2. 說話時要面帶笑容，且講話聲音要有精神。
3. 眼睛亦要帶笑意，即使嘴唇不動，也要能從眼神傳達善意。
4. 除訓練課程一同演練外，平日應自行面對鏡子，找出最完美的微笑及笑容表情，常做練習，使之成為習慣。

三、站姿

站立時，保持端正的姿勢，是給予外在專業形象的第一步，站立亦是其他姿勢的動作基礎（圖 3-5）。

圖 3-4 服務人員最基本的就是保持微笑，應隨時注意臉上的表情，以免造成顧客不好的觀感。

四、行禮

行禮，是服務業中最常用到，也是最必要學習的動作，遇到顧客、上司、或與人招呼、道別時，隨時有機會應用；正確一致的行禮姿勢，是獲得外界好感的重要因素之一，故不可不重視，應要雙腳併攏，將上身徐徐往前傾 30 度左右後，稍作停頓再起身，行禮時，頭與身體須保持一直線，視線由上自然落下（圖3-6）；平時請配合招呼話語，自行練習。男性應雙手自然放於身體兩側。女性雙手輕放於腹部，即維持正確站立姿勢作行禮動作。

圖 3-6 行禮為旅館服務人員的基礎動作之一，應確實掌握其原則。

膝蓋打直，背脊自然挺直，雙腳張開與肩同寬，雙臂自然下垂，或雙手虎口交疊（左上右下），輕放於腹部前方。

膝蓋打直，背脊自然挺直，雙腳併攏，腳尖微張，雙手虎口交疊（左上右下），輕放於腹部前方。

圖 3-5 旅館服務人員站姿示範

五、引導姿勢

於飯店中，經常有機會遇到顧客詢問設備的位置，故在指出正確方向或引導顧客前往的時候，便須配合正確的姿勢和話語，以協助顧客。引導時維持站立姿勢，雙腳併攏，身體微向前傾，以右手或左手掌併攏傾斜 45 度，手臂向前，指示前進方向或指向正確位置（圖3-7）。若是引導客人至定位，則應走在來賓的右前或左前方，並且配合來賓的速度，調度步伐的快慢，並於引導行進時，配合適當的話語。

圖 3-7 正確的引導姿勢，也是旅館服務人員需要用心學習的重點之一。

六、應對能力培養

平日與顧客應對，較常遇到的情形，應配合動作及話語進行演練，如表 3-1。

表 3-1 應對動作及話術

應對場合	動作	配合話語
招呼語	行禮	1. 早、午、晚安 2. 您好，歡迎光臨！ 3. 謝謝光臨，請慢走！
1. 傾聽 2. 顧客交代事情	1. 一般站立姿勢，雙眼注視對方。 2. 若對方坐著，則身體微傾表示尊重。	1. 馬上拿來，請稍候。 2. 對不起！請您稍等一下。
打斷顧客談話	欠身行禮致歉	對不起！打擾一下。
讓顧客等候	欠身行禮致歉	對不起！讓您久等了。
引導或指示方向	引導姿勢	1. 請前面直走右轉。 2. 請這邊走。
電梯口	以手壓彈簧桿，請顧客先進，自己再進入，站立於按鍵板前。	請問到幾樓？

七、電話服務

無論在何處工作，接、打電話是不可避免的；電話禮儀的注重與否，除個人給

他人的印象好壞之外，對旅館整體形象亦有深遠的影響；電話禮儀的特色是完全靠聲音和言語與對方進行溝通，因此充分掌握電話禮儀，運用說話技巧，並且發自內心，澈底實行，必對個人修養及旅館形象都有相當助益。

（一）三大禁忌

進行電話服務時，讓顧客久候、重覆問話以及對答不得要領，都是服務禁忌，身為電話服務人員應留意以下細節：

1. **久候**：絕不讓來電者久候，若遇到不能馬上回答處理的問題時，應徵求對方同意，先把電話掛斷，等查清楚後再與對方聯絡；若對方打的是長途或行動電話，更不能讓對方久等。

2. **重覆問話**：當接到他人的電話或需要他人協助處理的電話時應先問明對方身分或事由，在轉接前應簡略說明來電者身分及事情重點，以免每位接聽人一再重覆問話，造成對方不悅，對於抱怨電話更要注意此禁忌。

3. **對答不得要領**：應答電話時，無法問明對方來電目的，或無法傳達正確內容，都是失敗的接聽。

（二）三大要領

進行電話服務時，應在響二聲時接起，談話須切合內容，並隨時記錄，其要領說明如下：

1. 二聲接起：鈴響響起立刻拿起電話，會令對方感到唐突，但超過二聲又易使對方感到不耐，故以二聲鈴響為最適當的接聽時機。

2. 切合內容：運用 5W（人、事、時、地、物）及 2H（為什麼、如何）來掌握通話內容。

3. 隨時記錄：通話內容立刻摘記，通話結束後馬上整理、過濾，依照 5W2H 技巧記錄下來，以便傳達、進一步處理，或列入檔案。

客房補給站

服務時的應對

旅館是一個小社會的縮影，每位旅客來自不同的家庭環境，自然產生各式各樣的需求，所以抱怨的處理也因人而異，但其首要是傾聽旅客意見，發自內心即時回應，常常要用「是是是…，但是…」委婉的語調處理，重點在於一定要傾聽客人敘述完整的經過後，才能回應，至於結果的好壞與否，就關係到每位處理人員的誠心與作法。

動動腦

你覺得傾聽顧客意見時，需表現出什麼樣的態度？

 客房補給站

5W2H

5W2H 分析法又稱「七何分析法」，因大多數人不知道如何提出問題，而在所有邏輯思考法中，「5W2H」可說是最容易學習和操作的方法之一。故許多企業及服務業常以 5W2H 延伸應用。

What 就是確立問題，了解「目的是什麼？做什麼工作？」

Why 是說明背景或提出問題，也就是「為什麼要這麼做？理由何在？原因是什麼？」

When 指的是時間，設定「什麼時間完成？什麼時機最適宜？」

Who 是對象，指明「由誰來做？誰來完成？」

Where 是地點，確認「在哪裡做？從哪裡入手？」

How 是方法，提出「怎麼做？如何做會更好？如何實施？做法是什麼？」

How much 則是花費或成本，計算「要花多少預算？金額是多少？」

（三）代接電話的禮貌用語

當顧客要找的人不在或忙碌時，代接電話的服務人員應留意禮貌並使用適當用語，其範例分列如下（表 3-2）：

表 3-2　代接電話的情境及適當用語表

情境	適當用語範例
指定人不在時	1. 請問您是那位？ 2. 請稍候，馬上為您轉接！
指定人不在座位時	對不起！經理正好離開座位，一會兒就回來，請問有什麼可以代您轉達或代勞的？或是您留個電話，待會兒請經理回電給您？
指定人正在講電話時	對不起！經理正在講電話，麻煩您留個電話，待會兒請他撥給您。
指定人不在公司時	對不起！經理有公務外出，不知道什麼時候回來（或是什麼時間回來），請問有什麼事情我可以轉告他，等他回來再給您回電。
記錄留言時	用 5W2H 重點記錄，並重述留言內容，且說「我會轉述給經理，請您放心」。
指定人正在忙，不願受電話打擾時	對不起！經理有訪客，正在講話，不方便接電話，請您留下聯絡電話，待會兒請他回電給您。

八、旅客抱怨處理

服務業最怕遭遇抱怨事件，但換個角度想，旅客願意告知旅館不足之處，給予機會改進，身為服務者反而應心存感謝。若能把握機會彌補錯誤，扭轉旅客印象，有時候反而能反敗為勝。故抱怨處理很重要，其基本觀念及原則說明如下：

（一）旅客抱怨事項

1. 旅客對旅館服務品質不滿，如：櫃檯服務人員欠佳、訂房錯誤以致旅客抵達時無房間可住等。

2. 旅館環境設施未達旅客要求標準，如：房間髒亂、電器故障等。

3. 對於旅館規定不滿，如：未告知是否可加床，check in 時間人未到，房間保留時間等。

（二）抱怨處理基本觀念

和旅客的互動中，最難應對的就是處理顧客抱怨；但只要掌握基本觀念，處理得好，將會讓抱怨的客人轉變成旅館粉絲。

1. 抱怨是必然會發生的。

2. 經常保持著顧客永遠是對的心態。

3. 歡迎抱怨，將之視為一種情報來發現問題；故應感謝提出抱怨的顧客。

4. 抱怨者最需要吐怨氣，應給對方傾吐的機會。

5. 顧客抱怨 (Customer Complaint) 務必反應給上級主管，不可因害怕責罰而掩飾。

6. 決不推托找藉口，以避免抱怨事件惡化。

7. 處理報怨的過程中，要注意特別尊重顧客的自尊。

客房補給站

從「法師旅館」看旅館經營哲學

法師旅館是全世界最古老的酒店，位於日本石川縣栗津溫泉，從創立到現在，已經有 1300 年的歷史；旅館的主人，以世襲制代代相傳，由長子繼承家業，至今法師善五郎已是第 46 代傳人。因此，被金氏世界紀錄收錄為世界歷史最久的旅館。法師旅館「長壽」的祕密，就是該旅館的店規：積德不積錢。從法師的角度來看，經營旅館就像一條河流的旅程，要克服障礙才能向前奔流，而法師旅館的主要目的，就是為世世代代的客人提供服務，給予他們一個既能放鬆又能享受溫泉的環境。所以，歷代法師與他們的家人，平日都在努力消除這些障礙，以改善旅館的服務。

動動腦

請問上述客房補給站中提到法師旅館的積德不積錢是什麼意思？

（三）抱怨處理原則

處理顧客抱怨，若能掌握以下幾個原則（圖3-8），將有助於事件處理，並避免未來相同事情再度發生。

不推托責任、勿與客人爭辯，以鎮靜真誠的態度傾聽。

將事件發生的經過及處理情況，向上級報告。

事情過後，應追蹤抱怨處理的結果，探查顧客的反應是否滿意。

傾聽　　　**報告**　　　**追蹤**

1　2　3　4　5　6　7

冷靜　　　　**紀錄**　　　　**辦法**　　　　**檢討**

先保持冷靜，決不可輕易動怒，使顧客更加生氣。

將事件的重點做成記錄，以利對上級報告。

提出一套解決之道，並向顧客以口頭或書信道歉，亦或是禮物等補償。

單位內應針對抱怨事件的處理過程作一檢討，除有助將來類似事件的處理外，更重要是要能避免錯誤再度發生。

圖 3-8 抱怨處理流程

動動腦

你覺得林靜如成功的因素為何？

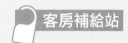　**客房補給站**

櫃檯小妹變身星級飯店總經理

Cheers 雜誌第 146 期專訪林靜如〈從櫃臺小妹當上星級飯店總經理：我不會讀書，但我從不停止學習〉一文提到，從小到大，她都不是班上成績名列前茅的學生，在老師眼中，她也自認並不特別亮眼，但這卻絲毫沒有變成林靜如後來發展的瓶頸。40 歲時，她當上臺北市星級飯店中最年輕的總經理，由她領導、2009 年開幕的 BOT 觀光旅館臺北花園大酒店，僅開幕 2 個月就損益兩平。2012 年 1 月至 6 月，名列臺北市觀光旅館飯店住房率前 3 名，也是少數住房率長期維持在 9 成的觀光飯店。

銘傳女子商業專科學校商業文書科畢業的林靜如，相較於瑞士、美國餐旅相關科系的「高材生」，起跑點顯然有些落後，然而她「後發先至」的心法是什麼呢？讓她在 17 年內，從櫃臺小妹當上星級飯店總經理，正是因為林靜如的學習範疇不限於書本，她更擅長從生活與身邊的「人」身上學習。

3-3 ● 旅館形象的建立與特性

　　經營業者的策略選擇、旅館設計理念及特性、品牌形象等，都是旅館形象建立的重點。經營業者的策略選擇包括管理及特色服務，或文化特色及品牌認知；旅館設計理念及特性則可依旅館規模及定位，或是創新、設計風格或是否符合市場需求等；品牌形象也可反映特殊屬性，並強化消費者印象。以下就旅館的建立與特性分述之：

一、旅館經營策略的選擇

　　加深顧客印象，特色及精緻化服務與管理，皆是旅館業的有力保證；文化底蘊、產品特色及品牌認知則讓顧客強烈感受到，進一步認同肯定；專業誠懇的服務則可建立顧客忠誠度。這些目的都是為創造持續性的盈利，以下就經營業者的策略選擇進行說明：

（一）精緻管理及特色服務

　　特色化服務和精緻化管理上，二者有著緊密的相關性、為不可分割的因素，也是表現旅館核心競爭力的要點。**特色化服務是讓旅客難以忘記、加深印象，更讓競爭者無法複製、獨一無二而富有創意的服務，更能給賓客帶來無窮的驚喜。**

　　它是由多種元素共同構成，例如充滿獨特氛圍、有格調的旅館室內，有著音樂或視覺的感受，能營造出賓客享受服務的環境。旅館服務人員有禮貌的言行舉止及得體的表現，在給旅客留下親切印象的同時，也增進旅客與服務人員之間的溝通和互動。

　　而**精緻化的管理則是提供服務的有力保證，精細的服務流程，能夠發現賓客的潛在需求**，而其精緻管理也可以從旅館室內的整體設計，延伸到每個飾物的擺放（圖3-9），或從服務流程的分工規範，延伸到滿足每個賓客的個性需求。

圖 3-9　東京「K5」由瑞典工作室 Claesson Koivisto Rune 設計，整體飯店設計揉合了日式傳統以及北歐極簡風，讓入住的旅客能夠體驗到不一樣的五感風情。

圖 3-10　「舊岩崎別邸」以文化特色取勝，是自然景致豐富的洄游式日本庭園，為文化財產旅館（全部或部分建築被登錄為日本有形文化財產的旅館）。在這裡能夠欣賞到四季更迭的風情（樂天旅遊提供）。

（二）獨有文化特色及品牌認知

　　品牌形象 (Brand Image) 它既可以是一種標誌的區分，也可以是種無形的承諾、保障和契約，更可以成為有效溝通的代碼，它是一個多元化的綜合表現，而品牌形象的建立，可以提供客戶群體身分的表徵，代表客戶群體的價值需求。透過產品服務和旅館文化來體現旅館的品牌形象（圖3-10）。例如在服務中加入時尚或有文化深度的元素，使得旅館獨具特色；或透過名稱特色、服務特色、產品特色、文化底蘊、傳統傳承等元素來表現，讓旅客入住時可以自然卻強烈的感受到，就會對旅館進一步認同及肯定。

（三）專誠的服務

　　旅館若能透過專誠的服務，而擁有較穩定的顧客群體，且通過旅客口碑行銷不斷擴大旅館知名度和美譽，吸引更多的賓客，會形成一個逐步上升的良性迴圈。以客戶關係營銷，透過賓客關係來拓展客源市場，藉此不斷提升顧客滿意度 (Customers Satisfaction Degree)，形成旅館口碑後進行宣傳，建立忠誠顧客，創造可持續性的盈利能力，旅館經營管理的生命力便可持久。

二、旅館設計理念及特性

旅館規模及定位或是社會責任，都可提高旅客的歸屬感，另外創新或創作元素也可能變成競爭有利條件，其旅館設計理念及特性能讓旅客感受產品獨特性，引領潮流，以下就旅館設計理念及特性分述說明：

（一）旅館規模、市場定位 (Market Positioning) 及社會責任

旅館分許多類型，於前幾章已概述，而大規模與小規模旅館皆有他們的經營之道，大規模的旅館自然有其客群；小型的旅館雖然規模不大，客房資源比較有限，但由於規模精緻，接待客源有限，因此使服務和消費的私密性強、精緻度高，而成為許多社會名流顯貴選擇的主因；小型的旅館在服務理念和服務方式上的體貼入微，通常能讓客人流連忘返，而成為旅館的忠誠賓客。

因民眾的公民意識及社會責任感，注重環保也是現代人們衡量自身素質水平和生活品味的標準之一，自備個性化的筷子、拒絕使用一次性物品、無紙化辦公、名片只有普通名片的一半大小是許多人追尋的時尚，有些旅客願意付出較多的金錢去入住環保措施的旅館，旅館也開始重新考慮環保的設計，不但能減低對客戶造成的健康危害，也可提高客人對旅館的歸屬感，並承擔保護環境的社會責任。

（二）旅館的創新、設計風格與形象

旅館的建築，以及具有內涵的設計風格而獨樹一幟的室內設計可以是形象建立的一環，有些旅館為了營造藝術氛圍，展示千幅畫及雕塑藝術真品，把旅館布置成了美術館；有的是從一些客用品，如咖啡杯、筆、客房小鬧鐘著手，使其成為具有設計感的工藝品；甚至有些旅館的建構，則蘊涵濃郁的地方文化特色或當地歷史元素（圖 3-11），讓旅館客房成為看得見歷史的房間。

圖 3-11 有著當地文化元素的旅館。圖為中國深圳南香樓藝術酒店，富有閩南與客家文化的旅館元素，也將會是吸引旅客前來住宿的要點之一。

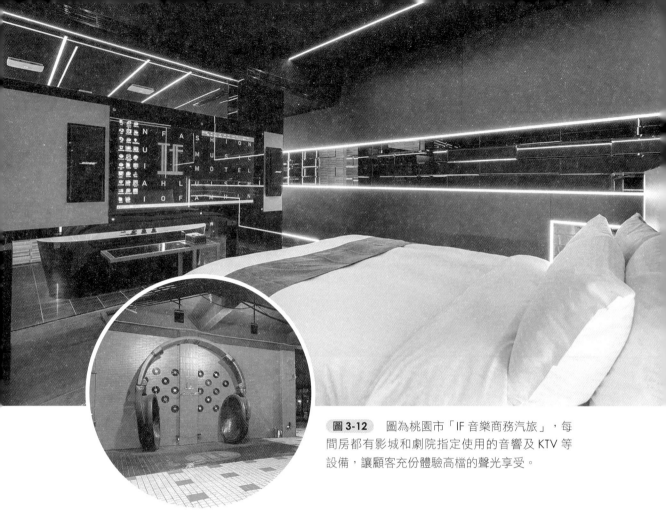

圖 3-12 　圖為桃園市「IF 音樂商務汽旅」，每間房都有影城和劇院指定使用的音響及 KTV 等設備，讓顧客充份體驗高檔的聲光享受。

　　至於旅館的創新，不論是環境、設施、服務、經營方式等各個方面皆有其發揮的空間，例如客房內配有觸屏式電話、客房送餐電子點菜單、DVD 客房影院系統（圖 3-12）等等都是。好的設計能適應當前社會發展的要求，受歡迎的原因是它獨特的唯一性。由於消費群體注重生活的品質和質量，崇尚有設計感的事物和情節，因此如何表現地域性和無法複製性，都是幫助旅館找到創作的元素，並讓它變成競爭的有利條件，而形成產品價值。

　　諸如時尚旅館、微型都市旅館將一些新的元素融入旅館大廳；夢境型的旅館，運用設計手法帶給顧客整體的體驗；生活方式型旅館，設計成超現實的室內環境，向人們推銷整體環境；融合型的旅館強調不斷更新、創新，帶給顧客新鮮感。

（三）旅館專業經營及符合市場需求 (Market Demand)

　　在服務過程能讓顧客感受新體驗及產品獨特性，且能有自我價值的體現，將有良好的市場表現，其較高的經營利潤和引領潮流的消費方式，較易贏得投資者、管理者的青睞，也容易受到顧客的愛戴。

三、建構品牌形象的重要因素及意義

菲利普・科特勒 (Philip Kotler, 1991) 提出**品牌形象共有六種不同的意義**，會讓消費者在同個品牌上有最佳的消費經驗：

1. **屬性**：品牌最先留給消費者的第一印象，便是某些屬於該品牌的特殊屬性。

2. **利益**：一個品牌通常有著多於一組的屬性，但顧客並非是要購買這些屬性，而是購買屬於自己本身需求的利益，所以屬性已被轉換成功能性或是情感性的利益。

3. **價值**：品牌可以提供某些程度上的價值。

4. **文化**：一個良好的品牌，往往在發展的過程中含有特殊的文化背景。

5. **個性**：品牌可以反映出某些特殊的屬性，甚至和某些人物做結合來強化。

6. **使用者**：由這個品牌可以分出購買或使用該品牌的顧客群組。

客房補給站

現代營銷學之父

菲利普・科特勒為現代營銷學之父，他曾說：「行銷力，是企業成功關鍵」，也曾說「發現還沒被滿足的需求，並且滿足它」，這些話語啟動了商業變革。他教會了商家如何在產量過剩的情況下得以生存，將行銷的重心從原本的價格和通路，轉移至滿足顧客需求，並著重產品及服務的利益、結果與價值。

動動腦

看完下列客房補給站，你覺得 Null Stern Hotel 為何可以帶給顧客極高的滿意度？

客房補給站

一家旅館什麼都沒有 卻熱銷？

只有一張床的「零星級旅館」，位於瑞士的 Null Stern Hotel，是一家顛覆傳統的旅社，它號稱沒有廁所、沒有屋頂、沒有牆壁、沒有電視、沒有自來水，想去廁所，必須步行十分鐘。一張雙人床，兩個床頭櫃和檯燈，並配置一個管家服務，就是全部的設施，但提供的餐飲都是在地食材製成，這樣的旅館卻經常從年初就被預約至年底。

3-4

旅館服務與顧客滿意度

一、旅館服務

嚴長壽曾說：「好的服務是有求必應，客人提出來就能夠及時做到，但更為極致的一個境界，就是客人有任何要求，我們都可以想在客人前頭。」對於旅館經營而言，服務則是注重顧客重視程度、滿意程度、服務人員品質與再宿意願，並確實提供顧客安全、清潔、舒適的居住環境及優良的服務品質，做好顧客管理關係。

二、顧客滿意度

顧客對於旅館的滿意度主要表現在以下部門：

1. **房務部**：如報到、退房、訂房、價格內容、品牌口碑等服務。

2. **餐飲部**：如餐飲品質、櫃檯、整體清潔、安全衛生等服務。

3. **客房部**：如設施、客房品質、服務人員水準、建築及大廳空間感受、客房空間感受、客房浴室、客房舒適等部分。

故利用飯店內各項軟硬體與人員來提供顧客不同的服務，持續與顧客保持關係，使顧客有被重視的感覺，以提升顧客的忠誠度。

而旅館依據顧客的消費者行為訂定標準化的顧客服務程序，以及旅館從作業面為員工設計的一套標準作業程序，讓工作流程的設計、職責分工、人員輪調等皆具有協調性，以提升員工的忠誠度與向心力，進而提升旅館的服務品質。

另外，為能深入顧客的心，以及獲取有效的資料而規劃新的市場行銷策略，因此可針對消費優惠、合理費用、套裝及便利行程等方式，找出有效的銷售管道來吸引顧客消費，這些也是加強顧客滿意度的手法。

三、影響顧客滿意度的因素

顧客滿意度是服務業最基本，也是最具營運影響性的標準，其旅館的聲譽、房價、預約時等候時間、床鋪、房間裡的裝潢擺設、電器設備正常與否、以及旅館的周遭環境，都列為旅館的基礎服務項目。

　　舒適的旅館房間、可使用的休閒設施、乾淨的床單和毛巾、優秀的工作人員能力，以及便利的交通，亦能帶給服務品質加分效果。旅館的氣氛、安靜的房間，以及消費需求的細節，則是服務的關鍵，另外，若旅館使用綠色能源，則是一種加值的形象建立。以上這些因素，皆會影響顧客對於旅館服務的滿意度（圖 3-13）。

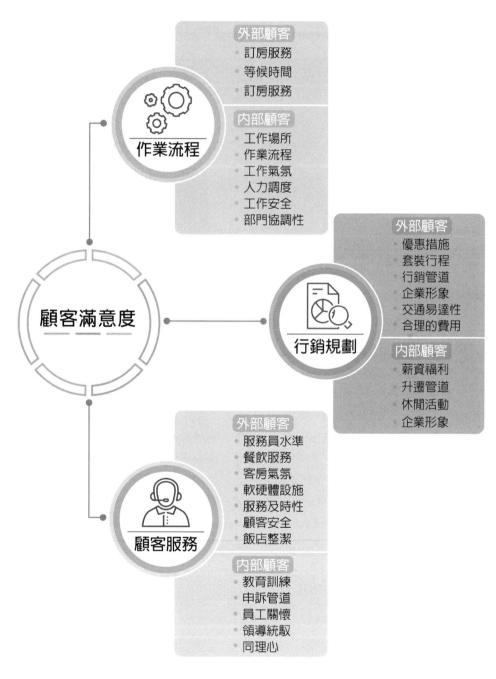

圖 3-13　顧客滿意度評估來源

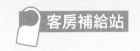

旅行經驗豐富 轉行開旅館

汶山企業董事長林盟弼,是熱愛旅行的最佳證明,他在各國留下足跡後的記憶分享,以及曾是地震重災區臺中谷關,成立虹夕諾雅谷關(HOSHINOYA Guguan)的規劃與期許。運用自己的經驗,他在臺中谷關這個 921 地震重災區買下老舊的汶山飯店後,林盟弼表示決定與星野集團合作開設虹夕諾雅谷關的原因,就是因為「頂級的飯店籌建,需要卓越的飯店管理公司,因為頂尖的建築、景觀設計和工程施工團隊,才能完整地呈現出讓人感動的作品。」

旅館默默為旅客做的事

《好旅館默默在做的事》一書作者張智強(Gary),一年有大半數時間都在旅店度過的旅人,又具有國際建築師與室內設計師的專業身分。用作者的視角,觀看住宿過的好旅館,豐富細膩,也提供更多門道,讓旅店、民宿主人們好好學習與了解。因此,他在書中不談旅館管理的理論,但卻飽含住宿體驗、服務細節、設計概念與建築趨勢,內容豐富。旅館就是他的探險樂園,他所探索的旅店,不只是豪華舒適的頂級旅館,也包括令人驚喜的奇異旅店,如波音 747 巨無霸客機改造成的旅館、監獄改造的旅館、醫院改裝的旅館,以及日本建築師黑川紀章最有名的「代謝派」建築作品——中銀大樓等等,前往這些奇特的旅店,除了住宿需求之外,也需要極大的好奇心與勇氣。

 動動腦

你覺得什麼是好旅館默默在做的事?有哪些是看不到,但卻又讓顧客感受到的部分?

第 **4** 章　　客務管理

　　客務部是旅館的精神中樞,與各部門有著密切的連結,舉凡顧客服務或抱怨處理等大小事項,都是由位居第一線的客務部進行把關,可說是整個旅館的門面。客務部是旅館中最先接觸到顧客的人員,該人員在服務及素養上的訓練,是確保旅館品質及提升顧客對於旅館的第一印象及滿意度 (Degree of Satisfaction) 的關鍵。

　　學習目標:

• 認識旅館客務部門的組織架構。
• 熟悉旅館客務部門的功能。
• 了解旅館客務部門的經營管理分工。
• 學習旅館客務部門的服務操作技巧。

旅館新知

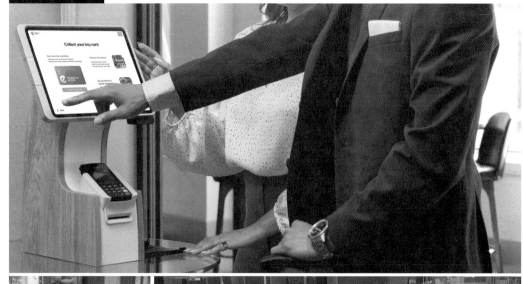

疫情後數位轉型正夯，AI 技術引領潮流

　　2023 年疫情過後，觀光旅遊業復甦，但飯店卻面臨人力不足的難題，因此國內外飯店開始廣泛使用各式接待、送餐、清消機器人，也大量設立自助 check in 機台鼓勵民眾使用，透過數位智能相關技術，協助提供飯店業者解決人力短缺的新方法。

　　客務部是旅館業非常重要的部門，與各部門有著密切的工作關係，也是旅館的核心，其技術與服務是旅館成功經營的重要環節。本章將說明客務部門的工作內容與管理課題，並培養學生具有從事旅館業務的專業與能力，加強學生重視旅館業的態度與技巧。客務部的組織如（圖4-1）：

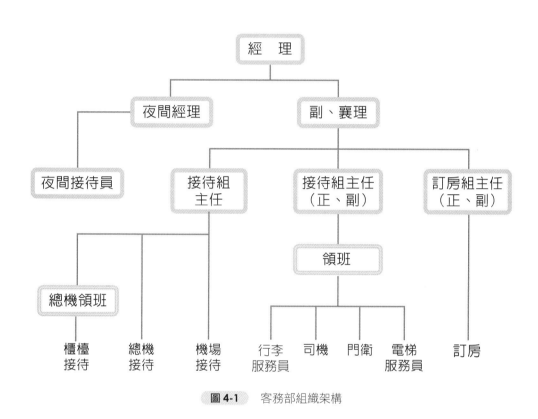

圖 4-1　客務部組織架構

　　客務部各組相關人員在接待旅客遷入遷出時，應注意表現友善的態度，並迅速提供旅客詳細的資料與令人滿意的服務，某些動作必須反覆練習，才能不斷提升服務水準。其遷入遷出的流程及相關部門如（圖4-2）。

遷入

遷出

圖 4-2　旅客遷入遷出流程圖

4-1 ● 接待組工作內容及應注意事項

接待組乃旅館的門面，亦是服務旅客的精神中樞，客人對旅館的第一印象，往往從接待組開始，其重要性可想而知。接待組的職務內容與全旅館各單位皆有關聯，尤為與服務組、訂房組、房管中心及餐飲部連絡更為頻繁。

接待組人員應具備的基本工作技能如：電腦基礎操作、文書處理軟體的運用、中英文打字、通訊軟體及電子郵件的使用等。

接待組又分為**櫃檯接待、總機接待及機場接待**三個單位，以下一一介紹。

一、櫃檯接待

（一）一般工作及注意事項

櫃檯接待的工作內容有：負責辦理客房租售及調度、管理客房鑰匙、旅客登記、接受旅客訂房與記錄、客房營運資料分析預測、貴賓接待並連絡相關部門、旅客資料建檔、客房分配與安排、提供旅客住宿期間通訊與秘書的事務性服務、旅客諮詢、旅館內相關設施介紹等。以下進一步說明旅客遷入、遷出時的注意事項。

1. 遷入 (Check-in, C/I)

   (1) 確認客人要訂房後，迅速找出訂房資料，並與客人核對訂單上的姓名、住宿天數、房間型態、房價，以及其他旅客應注意事項。

   (2) 請旅客填寫旅客登記卡（圖 4-4）並簽名，以確認遷入。

   (3) 將房間的鑰匙交予旅客並告知房號及電梯位置。

   (4) 告知行李員欲接待的旅客房號，並請行李員引導旅客至房間。

   (5) 旅客離開櫃檯後，應立即將旅客資料輸入電腦，並將旅客登記卡、訂單及收據整理好，交由後檯人員登錄。

2. 遷出 (Check-out, C/O)

   當旅客結束住宿，至櫃檯辦理遷出手續，此時櫃檯人員應將該旅客住宿期間的一切消費，包括：電話費、餐飲費、住宿費、洗衣費、冰箱飲料費等費用進行結算。即公帳（客房帳，就是房租）和私帳（冰箱飲料、餐費及電話費等）。

旅客登記卡 GUEST REGISTRATION CARD								
旅客姓名 GUEST NAME	SURNAME	FIRST NAME	房型 ROOM TYPE		房號 ROOM NO.		房價 ROOM RATE	
護照/身份證號碼 PASSPORT/ID NO			國籍 NATIONALITY		出生年月日 DATE OF BIRTH	YEAR	MONTH	DATE
			報紙 NEWSPAPER		☐中文	☐ENGLISH		
居留期間 DURATION OF STAY	CHECK IN	CHECK OUT	TEL e-mail					
公司名稱 COMPANY			統一編號					
地址 ADDRESS						FD		
REMARK	10% SERVICE CHARGE WILL BE ADDED TO YOUR BILL. CHECK OUT TIME 12:00 NOON							
旅客簽名 GUEST SIGNATURE				I AGREE TO RECEIVE HOTEL INFORMATION. 我同意收到飯店訊息 ☐不同意 DISAGREE				

貴重物品務請存放櫃檯保險箱，否則本飯店概不負責，客房內保管箱純為方便旅客之用。
SAFETY DEPOSIT BOXES ARE AVAILABLE AT FRONT OFF ICE. IN-ROOM SAFETY BOX IS FOR THE CONVIENIENCE OF HOTEL ROOM GUESTS ONLY.
THE HOTEL TAKES NO RESPONSIBILITY FOR VALUABLES LEFT IN GUEST ROOM.

圖 4-4　旅客登記卡

（二）團體訂房工作事項

團體訂房之遷入與遷出需面對為數不少的旅客，除了流程與細節的掌握外，良好的應對亦是不可或缺的工作要項。

1. 團體訂房

(1) 於上午依團體訂房資料安排指定房間（圖 4-5），並適當處理特殊要求。

(2) 旅行社來電報房號時，請核對房數、人數，以及住宿日期。

(3) 報房號前須檢查電腦，查看房間是否已空出，而後將房號依房型報出。

(4) 報房號後，請將鑰匙準備好，且在訂單正面註明「已報」；已報的房號不可再更動。

(5) 與導遊核對房數人數、團體號碼、餐券等訂房資料。

(6) 引導遊客至團體遷入的位置。

OO大飯店股份有限公司
團體訂房確認暨付款同意書

致：2019 OO企業OO部門成果發表會

親愛的賓賓 感謝您對 **OO企業OO部門** 的支持。為確保您的訂房，**請務必詳細檢閱下列內容，並填妥各項資料後寄送電子郵件至** aaaaaa@aaaa.com.tw **或傳真至 00-0000000，將由大會統一代訂房。完整提供訂房及付款/匯款資料者始完成訂房程序。**

入住賓賓大名：		統一編號/發票抬頭：	
連絡電話：		Email：	

【訂房資料】

房型	入住日期/退房日期	大會專案 優惠價格(額滿為限)	間數	入住人數	合計費用	備註
精緻/和洋家庭房	□ 1/23(三) / 1/24(四)	NT$3,800/間/晚 (含兩客早餐)				✓ 兩大床 (180cm*200cm*2) / 14 坪 (不加床)。
	□ 1/24(四) / 1/25(五)	NT$3,800/間/晚 (含兩客早餐)				✓ 第 3 人入住，每晚加收 NT$800。
	□ 1/25(五) / 1/26(六)	NT$3,800/間/晚 (含兩客早餐)				✓ 因房型不同，每房最多加 2~4 人 (含房間備品及早餐)。

身高 114 公分以下為幼童免收費。身高 115 公分(含)-150 公分(含)為兒童，收取兒童費用 NT$600/位。
身高超過 151 公分以上者為成人計算，比照加人費用 NT$800/位。
★此大會專案價僅適用於會議期間參加會議者。
★以上房間數量有限，請盡早預定，大會將依入住人數安排房型，額滿為限。

【付款方式】信用卡授權資料

持卡人姓名		卡別：□ VISA □ MASTER □ 其他 _____
信用卡卡號	- - -	卡片末三碼
有效期限至	月 年 止 持卡人簽名	(與信用卡簽名相同)

本飯店將以此授權書向銀行收取此筆訂房之 ■100%費用 NT$

【匯款資訊】

受款帳戶	OO大飯店股份有限公司	匯款銀行	OO銀行 OO分行
匯款帳號	000-000-000000	銀行代碼	000

若以匯款方式，請將匯款單收據，連同此訂房確認書，傳真至 00-0000000，謝謝。

【訂房變更及取消規定】

2018/12/20 之前	可取消訂房，並歸還全額房價
2018/12/21~2019/01/10 期間	可取消訂房，但收取 1/2 房價
2019/01/11~2019/01/25 期間	可取消訂房，但收取全額房價

【注意事項】
1. 本飯店辦理住宿登記時間為當日下午二點以後，退房時間為次日中午十一時前。
2. 如因住宿於本飯店所發生之其他費用（例如：加夜、加床、餐費、電話費等）請於退房時一併付清。
3. 旅客應注意並遵守本飯店管理規定，使用各項設施，如因故意或過失破壞或毀損各項設施者，應負賠償責任。
4. 特殊取消訂房處理方式（因不可抗拒之因素）：旅客預訂之住宿日，如因飯店所在地或旅客出發地受颱風（該地政府機關宣布停止上班）或地震等天災影響 請與大會聯絡，將會逕確認更改或取消您的訂房紀錄。
5. 本人同意福容大飯店股份有限公司，因業務及業務推廣之範圍內，對於本人之個人資料有為蒐集、處理、利用之權利。本飯店僅為行銷上的使用。
6. 本付款同意書未經大會同意擅自塗改者無效。
7. 大會代訂住宿聯絡人 OOO 小姐，電話：00-0000000。

圖 4-5 團體訂房同意書。

(7) 將整包鑰匙及餐券交予導遊。

(8) 向導遊索取團體名單。

(9) 將導遊交待的晨間叫醒服務 (Morning Call, M/C) 等重要事項寫在名單上。

(10)將資料輸入電腦中。

客房補給站

旅館電話電腦系統

　　是指與前檯及後勤作業直接相關的系統。此系統可指揮電腦中做什麼、何時做及如何做的程式。其基本功能有：

　　訂房模組（Reservation Module）、客房管理模組（Rooms Management Module）、顧客帳務模組（Guest Accounting Module）等。

2. 團體遷入：從訂房單、團體訂單，以及電腦畫面來核對團號、團名、房間數、單價、總價，並確認是否有免費招待住宿（圖4-6）。

3. 團體遷出

(1) 與導遊核對團號，印出主要帳單交予導遊，告知住宿的起訖日期、每日房間數，以及用餐數。

(2) 確認後請導遊於帳單上簽署旅行社名稱及導遊姓名，或取得旅行社簽認。

(3) 詢問團體離開時間，請導遊於離去前至櫃檯確認私帳是否全數付訖。

(4) 確定結清後，通知服務組行李可放行。

COMPLIMENTARY ROOM REQUEST

Department　　　　　　Applicant　　　　　　　Date
請求部門：＿＿＿＿＿　申 請 者：＿＿＿＿＿　日 期：＿＿＿＿＿

Guest's Name　　　　　Company　　　　　　　Position
住客姓名：＿＿＿＿＿　公司名稱：＿＿＿＿＿　職 稱：＿＿＿＿＿

Arrival Date　　　　　　　　　　Dept. Date
住宿日期：＿＿＿＿＿　　　　　　退房日期：＿＿＿＿＿

Type of Room　　　　　　　　　　Total　　　　　　　　Night(s)
房 型：＿＿＿＿＿　　　　　　　　共 計：＿＿＿＿＿　　晚

Explanation
說 明：＿＿＿＿＿＿＿＿＿＿＿＿＿＿＿＿＿＿＿＿＿＿＿＿＿＿

＿＿＿＿＿＿＿＿＿＿＿＿＿＿＿＿＿＿＿＿＿＿＿＿＿＿＿＿＿＿

(1) REQUEST (WHITE)　　　　　Signature
　　　　　　　　　　　　　　　部門主管：＿＿＿＿＿＿＿

(2) F.O. CASHIER (BLUE)　　　　Approved by
　　　　　　　　　　　　　　　核　准：＿＿＿＿＿＿＿

(3) F.O. (RED)　　　　　　　　　　　　　　General Manager
　　　　　　　　　　　　　　　　　　　　　　總經理

圖 4-6 免費招待住宿申請單。

二、總機接待

　　總機須具備的工作技能除了良好語言能力、基本的電話應對技巧、熟記各部門分機號碼、員工姓名，並應了解所屬單位及各部門業務性質，以及確實敏捷的操作與工作相關之軟硬體。

基礎概念篇
旅客服務篇
經營管理篇
行銷活動篇

此外，總機要溫馨、熱情，還要能在與旅客的通話中察覺對方情緒，若接到客人的抱怨電話，或發覺對方有所不悅時，應能立即判斷較佳的處理模式，以及時回應客人的需求。

（一）工作注意事項

總機接待為旅館對外連絡單位，常見工作內容如下：

1. 接聽、應答及轉接電話。

2. 代掛國際長途電話並核算電話費，輸入電腦。

3. 電腦查詢住宿旅客的姓名、房號，核對正確後轉接之。

4. 接受旅客及櫃檯交待的留言。

5. 接受旅客及櫃檯交待的晨間叫醒服務。

6. 於大廳及餐廳廣播尋人。

7. 接聽旅客查詢旅館資訊的電話。

> **客房補給站**
>
> ### 讓抱怨的客人變粉絲
>
> 處理顧客抱怨 4 步驟：
> 1. 顧客抱怨時，閉嘴聆聽。
> 2. 開口詢問，並了解狀況。
> 3. 針對問題，提出解決方法。
> 4. 謝謝顧客的批評指教。

> **動動腦**
>
> 請說出把抱怨的客人扭轉成忠誠顧客的具體做法。

（二）常見電話類型及注意事項

常見的電話服務類型有市內電話、客房分機、掛發國際長途電話、晨間叫醒服務、拒聽、代接、處理恐嚇或客訴電話及各類查詢等，除了電話服務經驗，更考驗電話服務人員的應對能力。其總機接待工作注意事項說明如下：

1. 市內電話接應服務

   (1) 應於電話鈴聲三響前接電話，報出自己所屬旅館並問好；談話時，注意電話禮貌，應口齒清晰、聲調柔和、語音親切，切忌邊吃東西邊接聽電話。

   (2) 當同時有多條線路進來時，應研判情況的輕重緩急，隨機應變，以免讓客人久候不耐。若逢耶誕節、元旦及春節等節慶，應答電話須先報出 Merry X'mas、Happy New Year、恭賀新禧等賀語。

   (3) 若需代轉電話，談話結束時應複述客人欲接通的房間或分機號碼。

2. 房間或分機接應服務

   (1) 查詢房客房號時，如查不到，應轉接櫃檯再查，不可直接告知查無此客人。

(2) 轉接電話前，應先核對姓名房號。

(3) 房號不可隨意報給外人。

(4) 查詢電腦，若客人剛遷入不久，則有可能在房內或館內，仍應試接房間或廣播尋找。

(5) 分機無人接聽時，轉接櫃檯問房客是否外出，如否則為其廣播尋人。

(6) 廣播後客人若在館內，則將電話轉至所在分機。

(7) 客人不在館內，則將電話轉至櫃檯留言。

(8) 電話轉至櫃檯時，須將適才處理經過簡單告訴櫃檯。

(9) 總機不應接受留言，但不得不接受時，須盡快將留言轉告櫃檯，以免遺漏。

3. 國際及長途電話接應服務

(1) 報出自己所屬旅館並問好。

(2) 電腦查詢客人房間號碼：可透過旅館的旅館電話電腦系統 (Telephone System)，運用客人的名字查房號；或者使用此系統透過房號核對姓名。

(3) 確認電話費何處掛帳。

(4) 若為來電者自付話費時，處理程序如接聽市內電話。

(5) 來電者要求受付時，應問清楚來話國家、電話號碼，以及來電者姓名，並請電信局回報分鐘數及金額。告知房客有哪個國家及何人打來的受付電話，詢問客人是否願意付帳。在收到電信局回報後，將分鐘數及電話費告知房客。

4. 掛發長途國際電話

(1) 報出所屬旅館並問好。

(2) 客人直撥者：由電腦自動入帳，電話費依國際臺價目加 20%。直撥方法為 9 ＋ 002 ＋國際電話國碼 (Country Code) ＋地區碼 (Area Code) ＋電話號碼 (Telephone Number, Telephone No.)，地區碼的 0 不須撥。

(3) 總機代撥者則須確認顧客欲掛發的國家、地名、電話號碼、指名或叫號、自付或受付，並複述一遍。

5. 晨間叫醒服務（圖 4-8）：晨間叫醒服務除了依客人預約的叫醒功能之外，其實還有其他功能，例如可藉此察覺客人有無異狀，以便立即採取必要的及時處理，所以總機在晨間叫醒服務時要確實聽到客人回應，並保證客人已確實起床，若無人接聽，則 5 分鐘後再作一次叫醒服務，並查詢電腦看電話是否已被接聽，若仍沒人接聽，請該樓層服務員親至房間叫醒客人。

6. 房客留言及拒聽電話的處理：須報出所屬單位並問好，當房客交待留言或拒聽電話，須詢問拒聽對象、期限及理由，將房客姓名、房號，以及交待事項知會同班者，並記載於留言簿，不得告訴來電者房客拒接電話，應以「客人出去了。」「客人沒回來。」或「請問要留話嗎？」等話術回答之。

7. 處理高級主管的電話：報出所屬單位並問好，問清來電者姓名及公司後，不可先告訴來電者主管在或不在，須先請示主管是否接聽；倘若主管真的不在，而其秘書在，則轉接給秘書即可。

8. 處理申訴抱怨電話：先向客人道歉，安撫客人激動情緒，認真傾聽客人申訴報怨，切勿因不是自己部門的過失而一味推諉責任，另外須盡速轉接相關部門主管處理，且須先向主管簡短說明事由。

9. 處理恐嚇電話：設法拖延通話時間，切勿驚慌保持冷靜，誘導對方多說話並即刻錄音，錄妥通話內容後報請主管及警衛處理。

10. 找尋失物：當客人來電告知遺失物品時，應先詢問物品遺失地點及時間，若於客房遺失，則先轉接房務部處理；若於餐廳或公共場所遺失，則轉接大廳副理處理。

11. 接受各類查詢：應先說明國際直通電話 (International Operator Direct Connection, IODC) 的操作程序、計費方式、各地時差等，並介紹各種設施電話及傳真號碼、地址、餐飲場所、營業項目、營業時間、消費金額等。

12. 其他

(1) 音樂播放應隨時注意音量、音質、播放時間，以及應景音樂的挑選。

(2) 廣播服務時須注意口齒清晰，聲音柔和，並廣播二遍。

三、機場接待

機場接待應有臨場應變能力，其工作事項有接待、接機、送機、特殊狀況等，其工作注意事項說明如下：

（一）工作內容

　　機場接待的工作主要面對的對象為航空公司、旅館櫃檯以及服務組，其應具備的條件為整齊的服裝儀容、親切的笑容，以及合宜的談吐，而基本能力則須具有流利的語文溝通能力，能隨時臨場應變，以及妥善處理突發狀況。機場接待的工作內容主要有以下四項：

1. 接機前的準備工作。
2. 接機及送機的服務。
3. 車輛分派或租賃，以應需要。
4. 特殊狀況的處理，以爭取商機。

（二）工作注意事項

　　機場接待除了行前的準備工作，在接機現場也有很多需要注意的細節，掌握這些工作事項，留給旅客良好的服務印象，將能為旅館帶來長遠的效應。

1. 接待的準備工作

   (1) 至櫃檯領取次日所有旅客名單及接載旅客名單，並與櫃檯訂房單詳細比對後帶到機場。

   (2) 掌握每日駕駛員及勤務分派。

   (3) 準備租賃車。租賃車可於公司車輛調度、檢修，或於高速公路塞車等狀況時使用之。

   (4) 平時與接待大廳的租車聯合櫃檯維持聯繫，以便需要時可隨時提供車輛。

2. 接機服務

   (1) 舉牌作業：於班機降落前 20 ～ 30 分鐘，至旅館聯合接待櫃檯，書寫客人姓名、性別等資料於牌子上，以便接機；無確定姓名者，亦於旅館聯合櫃檯持旅館標語等候客人。

   (2) 接機程序：確認客人姓名、班機號碼或所屬公司行號，經確認無誤後，到入境大廳接載客人（圖4-7）。

圖 4-7　接機舉牌作業。

(3) 若遇有「未預約接機客人」，如有公司車在機場，則優先禮讓客人入座回旅館；如無車，則帶客至租賃車櫃檯，或安排機場計程車。

(4) 若遇有「未訂房客人」，則先詢問客人計畫入住幾天及欲喜好之房型，並告知房價，如客人有意願住，則通知櫃檯訂房，並為客人安排車輛回旅館。

(5) 客人未出現：若客人於班機抵達一個小時後仍未出現，應與航空公司取得連繫，親往機場出境櫃檯查看入境名單，確定是否有入境。

3. 送機服務：送機又分為一般送機及貴賓送機，但無論哪一種都須事先取得客人的機票、護照、行李件數等資料，並於客人抵達機場前代為辦理通關手續（包括機場稅、登機證、行李過磅等），以利客人通關登機。

4. 特殊狀況處理：當特殊狀況發生（如颱風或飛機故障）造成飛機無法起飛、轉降、迫降等情形時，機場代表應隨時注意各方消息，並與航空公司櫃檯保持密切連繫以掌握時效，如處理得當，可為公司帶來額外的住房收益。關於特殊狀況的處理，其步驟如下：

(1) 得知特殊狀況發生時，須隨時掌握消息。

(2) 向航空公司詢問乘客人數。

(3) 向旅館櫃檯人員詢問館內空房數及房租。

(4) 立刻至航空公司櫃檯提供完整資料，包括房間種類、數量、可容納人數、房租等，以爭取客戶。

(5) 爭取到客戶後請櫃檯打點各項事宜。

(6) 調配車輛接機。

4-2 服務組工作內容及應注意事項

服務組包括行李服務員、駕駛員及司門員，也是顧客接觸旅館的第一線人員，因此端莊的儀態、得體的應對、親切迅速的服務、優良的體能、敏銳的觀察力，是服務組人員應具備的基本條件；而工作能力則須具備基礎英日語會話。

一、行李服務員工作內容及注意事項

行李服務員的工作內容大致如下：

1. 引導旅客至櫃檯辦理遷入，搬運行李及引導旅客至房間，並介紹內部設備。

2. 引導旅客至櫃檯辦理遷出，搬運行李及恭送旅客離店。

3. 維持大廳清潔與秩序，並注意是否有竊賊活動。

4. 保管旅客行李維護，並整理行李儲藏室。

5. 代購服務、代訂機位及代辦出入境手續。

6. 負責早、晚報的核對及遞送。

圖 4-8　行李服務員。

（一）各項遷入遷出工作

除上述大方向的工作外，行李服務員（圖4-8）的各項遷入遷出之工作細項如下：

1. 行李服務員散客遷入工作

   (1) 當旅客到達時應馬上趨前，有禮貌的問安並道「歡迎光臨」。

   (2) 從車上取下行李，請客人檢視行李件數是否正確。

   (3) 請客人進入大廳，引導至櫃檯辦理登記手續。

   (4) 把行李放在規定位置，約在櫃檯前 2 公尺處，繫上行李牌，且站在行李旁等候櫃檯招呼。

   (5) 當客人遷入手續完成後，從櫃檯接待手上接過房間鑰匙，於行李牌上寫房號。

   (6) 引導客人至電梯，並請客人先進電梯。

   (7) 到樓層出電梯時，須走前面，並禮貌的告訴客人房間的方向。

   (8) 到達房間開門前，務必先敲門再打開，以防萬一有住客在內，確認無誤後，請客人先入房。

   (9) 把行李放在架子上，若是夜間則先行開燈。

   (10)介紹房內設備及使用方法。

   (11)請問客人是否有其他需要幫忙之處，若有則用筆記下，以示慎重。

   (12)最後有禮貌的祝福客人有個愉快的住宿體驗，輕輕帶上房門後退出房間。

   (13)回到崗位後，在遷入登記簿登記妥善，並立即處理客人交待之事。

   (14)忙碌時須利用旅客遷入登記時的空檔，招呼其他客人，或做其他服務工作。

2. 行李服務員散客遷出工作

(1) 接到客人下行李的通知時,先問清房號及行李件數,以判斷是否要推行李車上樓。

(2) 到達客房時,應表明身分及來意,並與客人當面清點行李件數。

(3) 把行李放在領班檯前,若行李上的房號不符時予以更正,若無房號應即填上。

(4) 確認客房的帳是否付清並註明之。

(5) 行李攜出前,應確認旅客的置物櫃已無存物。

(6) 送客至門外時要請教客人是否需要叫車以便喚車,提供迅速的服務。

(7) 將行李放妥在車上時,應請客人再次確認行李。

(8) 親切的與客人道別,希望下次再來,並祝旅途愉快。

(9) 於遷出記錄簿的遷出欄寫下所乘車輛的完整記錄,以防客人有遺留物件在車上,而到公司要求幫忙尋找時,可以提供正確資料。

(10) 輸送行李時,請盡可能不要碰撞電梯,以及各樓走道的牆壁,除防止碰壞客人行李外,亦維護公司設備的美觀。

3. 行李服務員團體遷入工作

(1) 團體到達時,將行李全數集中到規定的位置上。

(2) 清點件數,掛上行李牌。

(3) 向導遊拿已配妥房號的旅客名單核對房號,並將房號填寫在行李牌上。

(4) 將行李按樓層分送至各個房間。

(5) 記錄每個房間的行李件數,分妥行李後,將行李收送單交領班集中備查。

(6) 疊放行李須把軟皮小件或易碎者放在上面,以防壓壞(圖 4-9)。

(7) 團體行李如有損壞者,應先行向導遊報備。

(8) 送行李至房間時,須再確認房號以免送錯,造成無謂的困擾。

圖 4-9 疊放行李在鳥籠車時,要注意行李材質。

圖 4-10　入住與退房的行李放置區指示牌。

4. 行李服務員團體遷出工作

   (1) 依導遊指示的時間下行李（不得延誤），再依該團的住宿記錄到各樓客房收集行李。

   (2) 記錄件數於收送單上，不同團體或不明房號的行李不可同時收取，以防錯誤；客人尚未整理妥當的行李不可收取，但要記下房號，以防遺忘。

   (3) 行李依指示牌排放整齊（圖 4-10）。

   (4) 同一旅行社有多個團體時，應在指示牌註明樓別及團號，以免混亂。

   (5) 全部行李收集妥善後，在上車前須點交給導遊。

   (6) 查詢公私帳是否付清。

   (7) 帳未結清前勿將行李送走。

   (8) 暫時存放的行李須整齊排列，可用繩子綁住，以策安全（圖 4-11）。

圖 4-11　運用行李網便於區分不同團體的行李及起一定的保護行李的作用。

（二）換房作業

接到櫃檯換房通知時，持新房號的卡片鑰匙到原住客的房間，表明換房服務。

1. 客人在場的處理：將所有整理好的行李物品搬至新房號即可；若行李尚未整理，則在門外稍候，或請客人整理好後再通知服務組。

2. 客人不在場的處理：若行李已整理好，將之搬移至新房間即可；若行李尚未整理，詢問櫃檯是否客人同意代搬。注意客人各個物件的放置位置，在新房間應依原房間的擺設排放所有物件，離開原房間時應仔細檢查房內的廚櫃角落及浴室門後的掛衣鉤，以免遺落物品。

3. 換房完成後須在記錄簿上填寫行李件數及時間。

（三）行李寄存與提領

　　客人要求寄存行李時，須先請問所寄行李的內容物，若有貴重物品，請其取出自行保管或寄放在保管箱內。注意行李是否有易燃或爆炸物品，若有危險性，基於安全理由可拒絕寄放。以下為行李寄存與提領注意事項：

1. 開立行李寄存收據（圖 4-12），註明日期、件數，並於遷出欄內註記。

2. 將行李寄存收據下聯交予客人保管，上聯繫在行李上。

3. 若行李件數在兩件以上，須以繩索綁妥，並在記錄簿上詳細記錄後送入庫房。

4. 若客人的帳尚未付清，則須用紅色紙條貼於行李收據上，以防遺忘。

5. 寄存行李的領取，以行李收據為憑，核對上下聯收據號碼無誤後，始可提領（不限本人）。

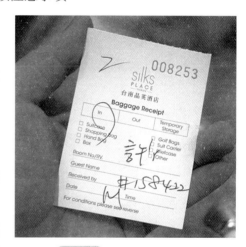

圖 4-12　行李寄存收據。

6. 房客取出行李收據，依照收據號碼（切勿依房號）將行李取出。

7. 若客人即時離店，應在遷出欄註明離店時間與車號。

8. 有外客欲將物品或文件轉交給房客時，其遞送服務處理程序應先到櫃檯查詢核對客人房號與姓名，注意是否有安全堪慮的物件，必要時請警衛檢查後再送，最後於物品遞送記錄簿上詳細記錄，並請房務員簽收轉交。

9. 有房客欲留下物品給外客時，留交物品作業應開具轉交登記表，註明收件人姓名、地址、電話，以及留交人的姓名、房號、留交物的說明。

10. 收件人來取物品時，請其出示身分證件，並在存根聯上簽認領取。最後於記錄簿上註明取物的日期、時間等銷號工作。

11. 航空公司因疏忽將客人的行李遺失又找到時，會將該行李送至旅客所在城市的機場，並通知旅客領回，客人常因時間或其他因素無法親往領取，故旅館通常會提供代客領取行李的服務，前往代領時，應備齊航空公司開具的行李遺失證明、旅客護照及機票、行李領取委託書、代領者的身分證等。

12. 代購或其他服務：某些旅館有代購服務，舉凡票類如機票、車票、船票、水果、花籃等，均可代辦，惟須向客人說明要酌收服務費。另外為房客安排接送車輛、行李托運、快遞、郵寄包裹等，也是行李服務員其他的服務工作。

二、司機

旅館司機主要負責旅館與機場間的旅客運送、車輛的保管及養護工作、幫助老弱婦孺或行動不便的旅客上下車，以及幫助旅客上下行李的工作，其工作能力應具優良的駕駛技術及駕車品德、基礎英日語會話、優良的體能、良好的服務態度，以及臨時狀況的處理及應對能力。

（一）行車前的準備工作

行車前必做安全檢查，針對輪胎、燈光、雨刷、油錶、煞車器、方向盤、機油、水箱等項目進行檢查。每日開車前應對車身，內外作一番清潔整理（圖 4-15）。

（二）行車安全

行車前須安全檢查，以防半路拋錨或出意外，如車況不良，應即停駛檢修，不可強行駕駛。行車中途如拋錨無法即時搶修時，應速電請公司派車支援，或招呼其他車輛幫忙將旅客先送住目的地，以免擔誤時間。行車應遵守交通規則。

（三）送客與接客

送客與接客須於預定時間前 10 分鐘，將車停靠於旅館門口適當位置，並下車等候客人，須留意：

1. 客人到時，有禮貌的以適當話語打招呼。

2. 待服務員放妥行李，客人進入車內坐穩後，再行上車發動車子。

3. 行駛前，告知客人到機場的所須時間。

4. 抵達機場停車後，立即下車幫助客人下行李，並放於推車上。

5. 請客人確認件數，詢問是否有遺忘物品。

6. 禮貌的與客人道別，祝一路順風並請下次再度光臨。

7. 旅客離開後，立刻再巡查一遍車上是否有遺失物。

8. 將車開進停車場。

9. 收拾車內清潔，備妥隨時迎客的準備後，鎖好車門車窗。

10. 向機場接待報到。

11. 接到通知開車接客的廣播，將車開至航警局規定的停車範圍，下車禮貌的向客人打招呼，並道歡迎的話語。打開行李箱幫客人上行李，並請客人清點一遍，以防遺漏，待客人進入車內坐妥後，再行上車發動車子。

12. 抵達旅館應知會客人，並叮嚀客人下車；下車開門時，口頭祝福客人，送走客人後，將車停放於規定地點檢視一遍，並收拾乾淨。

（四）禮節及工作操守

司機須注意禮節儀容，須面帶微笑，舉止大方穩重，以贏得客人的信賴，並留意：

1. 行車間絕不可抽煙、嚼檳榔，或向車外吐痰，以免造成環境汙染，以及給旅客不良印象。

2. 執行勤務前，應有充足的睡眠，保持充沛體力與精神。

3. 嚴禁喝酒和聚賭、嚴禁色情媒介，或做出違反公司規章的舉止。

4. 搭載旅客不可繞道行駛或加油，以防延誤時間。

5. 依勤務表出車，不得任意私自選車，不按指定車輛駕駛。

三、司門

服務組的司門負責指揮正門及兩側門的交通秩序，引導車輛並協助旅客上下車及行李的搬運，並向不諳外語的司機或計程車駕駛解說外籍旅客欲到達的地點，執行門禁，維護安全與觀瞻，並解決乘客與計程車司機的糾紛。

如遇重大事件而解決不了時，須立即報請領班、主任，或警衛部門協助處理；其工作須具備基礎英日語會話、優良的體能、敏銳的觀察力，以及良好的服務態度及熱忱。

（一）工作及注意事項

司門進行迎賓與送客時，應注意事項：

圖 4-13 身體微向前傾以右手開車門。

1. 迎賓（客人下車服務）：當載客車輛欲停靠下客時，以明確的手勢引導其至定點停車，車停妥後身體微向前傾以右手開車門（圖 4-13），左手作出請客人下車的手勢，向客人致歡迎之意，客人下車後檢視車內有無遺留物；若客人已投宿或僅來會客、用餐者，以左手指示客人正門入口，隨即請車開離門口或駛入停車場；假使客人為正欲投宿者，協助客人搬下行李，請客人檢視行李後，將其轉交給行李員，並以左手指示客人正門入口，隨即請車開離門口或駛入停車場。

2. 送客（客人上車服務）：當客人自飯店出來，應趨前請問客人用車狀況，私家車透過廣播叫喚，計程車則為客招喚外車。當車抵門口時輕開車門，有行李時先為客人上行李，並請客人檢視件數。請客人上車時，以手掌擋住車門入口頂端，以防客人頭部碰撞。當客人入車時，口中道謝再見，或歡迎再次光臨等話語，關門前注意客人手腳及衣裙角是否仍在車外，輕關車門，右手打出請開車的手勢，並向客人行禮致意，目送其離去。不論是迎賓送客，皆應隨時注意協助老弱婦孺或行動不便者。

3. 常客或貴賓的賓車服務：熟記貴賓及常客的職稱頭銜，以便進出大門時招呼客人用，掌握貴賓車輛進出時間，以便妥善服務並可確保交通順暢。上，下車服務注意事項同前兩點。當車輛進出時，應代為清車道並妥善安排暫停車位。司門員有責任對於貴賓或常客的行蹤保密，此乃職業道德的表現。通常貴賓的迎送，均由大廳副理擔任，故司門員開關車門後，應立即退於一旁陪禮即可。

（二）禮節態度

應面帶笑容，尤其在勸說車輛駛離時，態度更應力求溫和誠懇，以避免糾紛。如遇行動不便的旅客或老弱婦孺，須更妥善照顧其上下車輛及進出大門。天冷時，不可將手插入口袋內取暖，有礙觀瞻。

（三）資訊應對

司門常會面臨旅客詢問問題的狀況，因此資訊應對能力很重要，然而良好的資訊應對能力，需要長期培養。

1. 熟記各重要公共場所、市郊、各名勝古蹟、風景區的外語名稱、確實地點及開放時間。

2. 隨時備有旅館的名片卡，以供外籍旅客外出回程時使用。

3. 了解每日餐飲宴會情形，以作車輛停放的安排準備。

4. 熟記政府首長、外交使節、貴賓及常客的車型、車號，以利作業。

5. 除禮賓、警備車外，一律勸其進入地下室停車場，並隨時與停車場保持連繫，以了解其停車狀況。

（四）安全管理

司門應留意自身及環境中的安全，做好安全管理，其注意事項如下：

1. 責任區內不可讓閒雜人員逗留或談天。

2. 責任區外如有特殊情況發生（如車禍等），足以影響行車流暢或時間時，應立即向主管報告，以供外出旅客參考。

3. 不可與旅館前經常停放的私家車有任何勾結行為，或有色情媒介的舉動。

（五）工作操守

任何職業的工作操守都關係著道德及行業規範，遵守職業操守不但讓自己更容易邁向成功之路，更為旅館帶來實質的效益。

1. 絕不可擅離工作崗位。

2. 嚴禁代客停車。

3. 嚴禁轎車停放在紅磚人行道上，以維護行人權益。

4. 嚴禁外車停放在旅館的公車停車專用位上。

5. 旅客上下車時，須注意其手腳安全，車未停妥勿開車門，旅客就坐後，才可以關門。

4-3 ● 訂房組工作內容及應注意事項

一、訂房組工作內容

客務部的訂房組，亦是顧客接觸旅館的第一線人員，接受訂房的應對態度，連帶影響客人旅館的印象優劣，因此訂房組人員占有舉足輕重的地位。客房組須接受

散客、公司行號、旅行社、團體等訂房，其訂房方式有電話、傳真、網路等方式。客房組工作注意事項如下：

1. 客房的預售及控制：接受各類訂房及處理訂房的變更或取消，旅客訂單處理及預付訂金的收取，確認訂房及資料處理。

2. 定期與櫃檯核對房間控制的情況，並製作銷售報告及寄發工作。

3. 如有其他特別服務者，須通知相關單位，如接機、租車等。

4. 須確認旅客姓名是否正確、旅客到達的班機及時間、是否接送機等，訂房資料有變更者，應立即更改電腦記錄。

5. 遇及貴賓訂房，先分辨其級別（董監事級貴賓、政府級貴賓、企業界貴賓、同業貴賓等），並依公司規定程序呈報主管。

6. 接到變更或取消訂房的通知時，先查詢電腦資料、找出訂房記錄（訂單），並在備註欄加註變更或取消的內容、日期及更改者。

二、訂房常見處理作業

一般在訂房作業時，經常會遇到的一些問題如下：

1. 超額訂房（或訂房超收）：遠期和即期訂房的控制與計算，以及在房間不夠時處理訂房要求。

2. 更改與取消訂房。

3. 保證訂房。

4. 無訂房的旅客。

5. 客滿。

6. 取消訂房與沒收違約金。

7. 接受訂房時，日期、阿拉伯數字如 4、10，以及英文字母的 P 跟 T，其發音類似，為避免混淆，應問清楚以避免錯誤。

三、訂房的預測與分析

旅館業務部門必須事前評估市場狀況，且考慮成本控制，而公關企劃部門則須進行產品的定位及推廣，並須擬定預算來決定客房定價，故預測訂房狀況時，通常會參考過去訂房、住宿紀錄，以及與市場成長相關資訊，再調整本身所提供的產品競爭力，擬定最適合的銷售策略。

為作正確的分析，並擬定完善的銷售策略，訂房部門應定期製作各種報告，提供資訊給各相關單位參考，以利旅館爭取更多客源。

旅客服務篇

第 5 章　房務管理

　　房務部的勤務是繁雜忙碌的，房務人員的打掃維護，是將最完美的一面呈現給每一位來店的旅客，讓旅客有賓至如歸的感覺，因此，迅速正確、熟練的工作服務，以及親切得體的應對態度，是每一位房務人員應具備的基本條件，本章概述房務部基本工作及流程。

　　學習目標：

- 認識房務部的各工作職務與內容。
- 熟悉如何正確且熟練服務工作。
- 學習以親切得體的態度進行服務。

旅館新知

飯店幕後英雄
洗衣房工作人員

　　飯店是光鮮亮麗的產業，但這光鮮是靠許多汗水堆積而成。這些年，工程、房務等幕後英雄，都陸續被看見，就剩洗衣房。洗衣一向被視為歐巴桑工作，沒人把它當專業，這也是為何臺北文華東方酒店洗衣房經理李慧玲 Rebecca 奪下 2016 寶馬酒店人獎（The BMW Hotelier Awards）「年度幕後英雄人物」會在中港澳飯店間引發討論，因為這是這麼多年來，洗衣房第一次受到重視與肯定，它代表的不只是對個人的肯定，更是對飯店洗衣房傳遞一個訊息：「I See You！」

5-1 ● 房務部的工作職務與內容

一、房務部的工作職責 (Responsibilities)

　　房務部（圖 5-1）的職責在於時刻要準備好整潔的房間，從許多小細節貼心服務，並負責整個客房打掃及保養工作。職務分工為經理、副理、正副主任、領班、辦事員及房務員，其組織架構如（圖 5-2）所示。

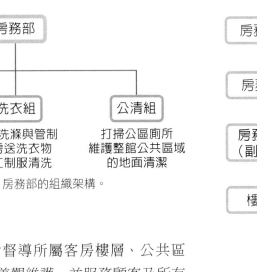

圖 5-1　房務部的組織架構。

（一）房務經理

房務經理須負責督導所屬客房樓層、公共區域、所屬客房的整潔美觀維護，並服務顧客及所有布巾的管理，且訂定客房裝飾、地毯、壁紙、家具的汰舊換新保養的執行。

對內則須建立所屬各單位的標準作業流程 (Standard Operating Procedure, SOP)，編訂幹部教育訓練課程、培訓、考核、分配工作，編列年度預算，分配工作及時間調配，建立現場改善工作效能，監督各級幹部執行等。

（二）房務副理

協助經理督導各單位工作流程、作業規範及人力管理，經理休假時代理其職務。

（三）主任及副主任

主任與副主任負責督導客房的清潔及提升品質，各房客層客房保養，客房內飲料帳務的處理與入帳，每日與櫃檯核對貴賓或特殊團體名單，以及客房早晚報表的製作。同時控制各類備品、布巾、飲料的庫存，以及不堪使用的物品報廢處理，並須協助主管推行政策，接受主管交辦事項，且為主管休假時的代理人。不定期協助訓練新進員工及落實執行標準作業流程，並於每日交班時填寫交代簿 (Logbook) 或交班表（圖 5-3）。

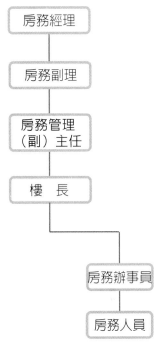

圖 5-2　房務部的職務架構。

圖 5-3　交代簿。

（四）組長及樓長

　　組長及樓長須熟悉飯店所有服務項目、營業項目、價格，以備客人詢問，且每日定時檢查客房報告及貴賓房的各種安排事宜，負責各樓層安全梯及公共區域清潔，檢查清潔完成的房間，檢查各備品室，在整房後，修改客房門牌指示燈的狀態（圖5-4）。當房間的設備、家具、電器等情況不良，即申請修理，每月須進行例行性的客房保養，以及不定期的保養。

圖 5-4　　旅館的客房門牌亮燈（左圖），不同顏色代表不同的意思，其中包含請勿打擾、已入住、清潔中、空房等。

（五）房務辦事員

　　房務辦事員（Office Clerk）平時須與客房部、工務部、管理部、餐飲部、人資部保持聯繫，與其他單位協調事務，執行辦公室行政文書作業流程，控管各樓層鑰匙的借出，登記檢查回樓層的鑰匙，應具備的基本工作技能為基本中英日文對話，工作內容為接聽房客需求電話，以及櫃檯、樓層人員一切服務需求電話，並須從電腦中列印當日客房情況及客人名單，加註客人特殊需求給領班，處理迎賓水果，管控房間清潔進度及工程維修追蹤聯繫。當客人有遺留物時，須協助保管與查詢，控管各樓層冰箱飲料有效期限是否更新。

（六）房務部人員

　　房務部人員須維持房間的清潔及品質，若遇有損壞的物品，須填寫修護申請單進行報修，且做記錄及報告，整理房間（圖5-6）的重點為做床、清潔整理衣櫃、整理電視櫃、清潔窗戶、清理書桌及床頭櫃、檢查冷氣及鬧鐘、檢查冷氣、清理牆壁、檢查小吧檯等。其它如清潔地毯、布巾備品的準備、夜床服務等，並須落實各項資源回收及每月布巾及消耗品盤點。

圖 5-5 房務部時刻要準備好整潔的房間、注重小細節,並貼心的服務客人,以維持客房品質。

二、房務部各項常見保養項目

房務部除維護客房清潔及品質外,另有常見的保養項目如下:

1. 翻床、窗簾吸塵、天花板蜘蛛絲與擴音器除塵、沙發清潔。
2. 床底吸塵、電源箱除塵、窗溝清潔、馬桶間與洗手檯地面除垢。
3. 迴風網清洗、走道玻璃清洗、冰箱內外擦拭、馬桶水箱清洗。
4. 轉床、壁紙除塵、淋浴間牆壁除霉地板除水垢、各類水龍頭濾嘴除垢、冷氣出風口擦拭。
5. 家具後方除塵、緊急燈與燈罩除塵、地面排水孔清潔、垃圾桶清潔(含牆面)。

圖 5-6 客房清潔打掃順序。

觀光飯店房務員是社會新鮮人求職熱門行業？！

觀光飯店房務部的工作雖然辛苦，但卻是從事飯店業的基本，即使是儲備幹部也一定要先在房務部實習過，這是有意在飯店業深耕，並希望晉升者一定要歷練過的單位。

房務部的工作非常繁雜，除了一般人想到的整理房間外，包括餐廳、大廳、健身房、游泳池、噴水池等公共區域，也都是房務部管理的範疇；此外，當房客有洗衣、燙衣等額外需求，或不知道該如何上網及使用房間設備時，也可以求助房務部。

新鮮人剛進入房務部的第一週通常都像是在接受新兵訓練，可以說是「魔鬼週」，但只要能熬得過去，接下來就沒問題了。

想要在觀光飯店工作，語言能力也非常重要，如果願意加強自己的能力，待在房務部也是一個升遷的管道，而當房務員的好處，除了平時可拿小費之外，當飯店接待外國元首或影視紅星時，也有機會近距離接觸甚至索取簽名，這點讓追星族非常羨慕吧！

資料來源：節錄自曾慧雯，大紀元 12 月 11 日

動動腦

你認為一個稱職的房務員應具備哪些條件，請列舉幾項。

三、房務作業查核重點

房務員應檢視客房與浴室之清潔與設備維護，並填寫客房檢核表做紀錄，符合打√，不符合打 ×，檢核項目如表 5-1：

表 5-1　房務作業檢核表

	檢查項目	狀況	檢查項目	狀況
房門及走廊	安全鎖 / 防盜鏈		衣架	
	貓眼		睡袍	
	走道燈		拖鞋	
	衣櫃門 / 上下輪軌		洗衣袋 / 洗衣單	

	檢查項目	狀況	檢查項目	狀況
浴室	吹風機		馬桶	
	浴室門鎖		浴室牆面 / 地面	
	鏡子		衛生紙架	
	浴巾架		燈及燈罩	
	防滑墊		浴室電話	
	淋浴花灑		浴簾	
	浴缸		天花板及抽風機	
客廳	茶几		檯燈 / 燈罩	
	椅子		抽屜	
	電視 / 遙控器		窗	
	熱水壺		沙發	
	杯子		垃圾桶	
	菸灰缸		床單 / 床頭板	
	鏡子 / 梳妝台		電話	
	電燈 / 燈罩		空調	
茶水區	冰箱檯面		冰桶、冰夾	
	酒杯 / 杯墊		冰箱內部清潔	
	茶杯 / 杯墊		酒水 / 飲品	
	茶、咖啡、糖			

四、房務人員應具備條件

1. 親切的服務態度。

2. 細心敏銳。

3. 充足體力、工作效率快速。

4. 熟記顧客的習性與喜好。

5-2 ● 洗衣組的工作職責

洗衣作業亦為房務的服務範圍，是公司的營利部門之一，故如何正確、快速的提供洗衣服務，也是房務工作勤務中重要的一環。以下為洗衣組的組織架構圖 5-7：

一、洗衣組的工作職掌

洗衣組的工作職掌又分為主任、領班、乾洗員、燙衣員、水洗員、裁縫員、制服及布巾服務員等，各工作分別有其須注意事項，故主任與領班的督導工作，與洗衣房的運作效率息息相關，並應確保每個職務的員工都知道旅館的要求，以下就洗衣組的職務內容說明之：

（一）主任

飯店內督導整個洗衣房高效率的運作，並確保提供高品質的服務。應具備的基本工作技能為機械操作，工作內容為督導洗衣房標準程序的執行，提出在現行基礎上需要更新的工作標準和培訓計畫，持續了解最新的洗衣房系統知識，確實有效的在上下班移交工作，控制洗衣房內外部的電話溝通，處理員工的投訴，工作任務的直接分配與調換，檢查工作的品質，協調客人和飯店的需求。

確認洗衣及時的處理和送回，協調特殊的工作，確認自己全面了解旅館的房型、設施，以及所在位置，主持各班次的交班會議，確保每個人都知道旅館的活動和要求。

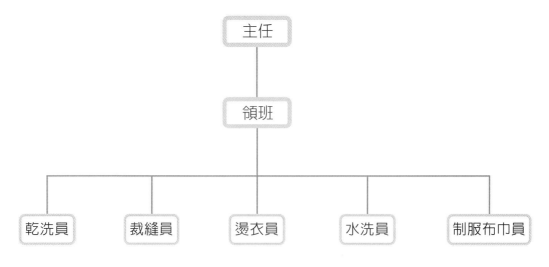

圖 5-7 洗衣組的組織架構圖。

（二）領班

領班與全公司皆有互動，然就工作內容而言，連絡較為頻繁者為房務部及餐飲部各廳。工作概要為根據預算方針負責布巾房的所有具體事項，包括員工制服的管理和該區域的布巾傳送工作、全面掌握目前布巾房體系的相關知識、控制布巾房內外部的電話溝通、安撫和處理員工的不平情緒、負責工作的品質檢查、根據客人和飯店的要求與客房部保持聯繫、確保員工制服和飯店布巾即時被處理和遞送、確認熟知所有房型、布局、家具和相關場所的資訊、監督管理布巾房的庫房區域並隨時保存足夠的庫存量。

（三）乾洗員

乾洗員須熟悉將制服進行乾洗和去汙，將客衣分類後乾洗，以及對不同種類的衣物進行洗滌。平日應注意維持足夠的化學藥品供應；準備已耗盡物品的採購申請；收到洗衣時檢查有無破損，如有破損須作好記錄；要有禮貌的應對飯店內外的客戶，以取得更好的銷售成果；維持工作區域和設備的最佳工作狀態，保持清潔和維護設備；隨時向上級主管報告客人的投訴；遵守飯店健康、安全和衛生政策，並堅持個人的儀表和衛生標準；完成其他被指派的工作。就工作內容而言，與其連絡較為頻繁者為房務部及餐飲部，而房務員應具備的基本工作技能為機械操作。

（四）燙衣員

燙衣員（圖5-8）其工作概要為負責客衣服務的熨燙與包裝；將飯店客人的衣物進行分類熨燙；確實按照織物的質地選擇合適的溫度和壓力，讓所有的衣物在適當的條件下被熨燙，並須確保機器和工作區域內的整潔，如發現有破損的拉鏈和遺失扭扣，須進行整理和縫補工作，以及向洗衣房經理彙報。其連絡較為頻繁者為房務部及餐飲部。

圖 5-8　燙衣員除了負責熨燙衣物外，也須針對破損的拉鍊及鈕扣進行處理。

（五）水洗員

水洗員須進行分類清洗飯店的客衣、制服及布巾，並即時添加適量的洗滌藥品，保持適當的溫度、壓力和水量，確保機器和工作區域的整潔等。連絡較為頻繁者為房務部及餐飲部各廳。

（六）裁縫員

裁逢員工作內容為負責客衣、飯店布巾及員工制服的縫紉、縫補工作，包括客衣、飯店布巾和制服的更改、調整和修補工作；使所有新進員工都有合適的制服；裁減、製作、縫補和調整制服；將報廢無用的布巾再利用，轉變成有用的新東西；縫補窗簾、墊子等物品;為飯店的特殊活動準備服裝，且在必要時輔助布巾房的工作。

（七）制服布巾員

制服及布巾服務員工作內容為負責接收、分類、發放員工制服，輔助盤點存貨，輔助縫補制服、客衣，向主管彙報制服破損和遺失的情況，保持制服和設備處於良好的清潔和維修狀況。

二、洗衣組工作服務範圍

洗衣組工作服務範圍有洗場、燙場、平燙場、收付等，負責房客及員工的交洗衣物的清潔、收送、編號、聯絡、品管及包裝等，其服務範圍說明如下：

1. **洗場**（圖 5-9）：洗衣機械的操作，其負責範圍為餐飲部各廳，如檯布、口布、桌圍、桌墊、小毛巾及各類織品，房務部各類毛巾、床單、被套、枕頭套、床罩及各類織品，全公司員工訂製的制服，房客住房旅客交洗的衣物。

2. **燙場**（圖 5-10）：整燙設備的操作，其工作範圍由洗場洗滌完畢的各類衣物，完成脫水手續後，交由燙場整燙。整燙範圍以員工制服及房客交洗的衣物為主。

3. **平燙場**：負責撐開機、平燙機及摺疊機的操作。由洗場洗滌完畢的各類大宗織品，如床單、被套、枕頭套、檯布、口布等大都可直接進行整燙。

4. **收付**：負責編碼機及縫紉機的操作，其服務範圍有房客交洗衣物的收送、清點、編號、連絡、品管及包裝，與制服間之間的員工制服清點、連絡、品管、包裝、收送，各類毛巾的折疊分類，各類織品的清點收發。制服間以收發員工制服為主，.縫補以服務房客及員工衣物的綻線、掉扣，以及織品的修護和報廢為主。

圖 **5-9** 目前許多旅館將洗衣工作外包給專業公司處理，可節省許多人力。

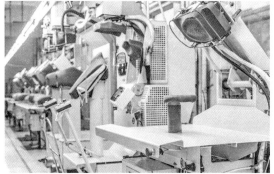

圖 **5-10** 專業的洗衣公司及設備，整燙完畢後，亦可自動摺疊、打包衣物。

三、一般洗衣作業流程

洗衣流程分別為分類、洗滌、脫水及烘乾，每一流程都有其專業工作能力及掌握要點，以便保有工作效率及服務品質，洗衣作業流程說明如下（圖 5-11）：

客房補給站

旅館（飯店）總經理的第一份工作常是房務員

擔任古華飯店房務部基層房務員僅一年半，就升任小組長的黃琪雯指出，房務工作是飯店業最基層的工作，很多飯店總經理、副總經理等高階主管，進入飯店業的第一個工作就是房務。因此，學生們趁著目前尚未畢業，先練好基本功，接著把握機會調到其他部門多多歷練。她指出整理房務和其他的工作都一樣，就是熟能生巧，做愈多就愈熟練，而且應依照飯店規定的標準作業程序（SOP）進行，有些整理房務的阿姨，會偏好自己的方法，當然只要能把房間打掃乾淨最重要；不過，公司制定的標準作業程序，一定有其道理。因此，在傳承工作經驗時，一定要採用標準作業程序。她指出，打掃房間時，通常她一眼就可以看到問題在哪裡，這些能力都是平日用心學習累積出來的。

動動腦

請說說！你印象中的房務人員，都在做什麼工作？

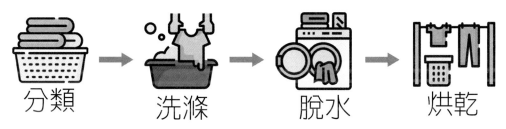

分類　→　洗滌　→　脫水　→　烘乾

圖 **5-11** 洗衣作業流程圖。

1. **分類**：洗滌物的分類在洗衣組是一件十分重要的工作，須有判斷洗滌物的能力，是該水洗？還是乾洗？是否會縮水，褪色變形或損壞？若有一時疏忽，便會造成缺失。飯店內的洗滌物種類繁多，分類時以下列三大類為原則：

   (1) 布巾類：床單、枕套、毛巾、檯布、餐巾、抹布、雜項如窗簾布、椅套、床裙、檯裙、毛毯等按其質料、顏色、種類、汙垢類型作分類挑選。

   (2) 工作服：將衣物分成乾洗或水洗二類，再按其質料、顏色、種類、汙垢類型作分類挑選。

   (3) 客衣：客人衣物可按衣料的顏色、衣料的厚薄、衣物的質料作分類挑選。

2. **洗滌**：洗滌的主要功用是將汙物洗滌乾淨，完善的洗滌效果能促進脫水、烘乾、和整燙生產效率。此階段可加入衣物柔順劑，更能加強上述階段的工作效果。

3. **脫水**：在衣物洗滌後，須經過脫水程序，脫水是利用高速離心原理，將洗物上的水分脫掉，進而節省衣物烘乾的時間。在此應注意脫水時間長短須按洗物的質料來定，時間太長太短，都會影響烘乾或壓燙的生產效率和品質。

4. **烘乾**：烘乾機的運作原理，是機器底部有一座風扇形的裝置，可將頂部的蒸氣熱量帶進中間的圓滾筒中，做有規率的滾動，進而將衣物烘乾。操作過程中應注意衣物不可超量、溫度要控制適當，而烘乾時間可按不同種類的衣物纖維來掌握時間的長短。

四、織品洗滌過程說明

　　工作時應注意乾衣設備須適當的操作和維修，衣物須澈底烘乾，危險物質洩漏時，應立即檢查和補救，危險物質溢出時，應立即擦、拖及用肥皂清洗，工作和儲藏地點隨時保持良好的通風，在開放式的設備中工作，應戴安全眼鏡及手套，其洗滌過程如下（圖 5-12）：

沖洗　　洗濯　　漂白　　清洗　　酸洗

圖 5-12　織品洗滌流程圖。

1. **沖洗**：將附在衣物上的汙垢先用清水予以沖洗和稀釋，讓衣物有相當的溼滑程度，以促進洗滌效果。

2. **洗濯**：依洗滌物的織品種類及汙垢程度，使用適當的洗滌劑、洗水位、溫度、時間來洗滌衣物，以獲得經濟有效及安全的洗滌效果。

101

第 5 章 房務管理

基礎概念篇

旅客服務篇

經營管理篇

行銷活動篇

3. **漂白**：白色織品在洗濯後，如還餘下少量頑汙，可用漂白劑輔助，令白色織物色澤更鮮豔美觀。要留意溫度和用量的適當控制，以保證洗滌物達到最佳洗滌效果。

4. **清洗**：清洗又稱過水，當洗滌物經過高鹼性洗濯後，用清水將織物中的殘留物及鹼性物除去，可加強洗滌效果。在清洗中要注意的是次數與先後，例如兩次高水位的 2 分鐘清洗，比一次高水位 6 分鐘的清洗效果更理想。

5. **酸洗**（中和）：各類織品洗後是維持在高鹼的狀態，故最後再以酸劑加以中和，使其酸鹼度與人體皮膚相同，以完成洗滌程序。中和程序的目的是使衣物不致傷害皮膚，並使織品不致氧化變黃。

五、洗衣組的定期保養作業事項

　　洗衣組應依機器需求進行檢查及保養，共分為每日、每週、每月及不定期保養，其保養說明如下：

1. 每日保養：須擦拭洗衣組所有機械表面。洗衣脫衣機設備，乾燥設備、空氣壓縮機、空氣乾燥機、平燙機、摺疊機、縫紉機、製漿機、編碼機等設備經常性檢查。

2. 每週保養：有機溶劑作業（乾洗機）檢查、有機溶劑防護用具自動檢查。

3. 每月保養：協調工務部機械月保養（洗衣器材軸輪上潤滑油）、全公司棉織品清點。

4. 不定期保養：傳閱危險物質（乾洗器材四氯乙烯）安全資料表。

5-3 ● 公共區域清潔組

　　公共區域清潔組（後簡稱公清組）在館內的勤務是相當廣闊的，清潔員所掌管的工作包括打掃公區廁所及維護整館公共區域的地面清潔；而旅館硬體設備，也是要靠清潔員細心的打掃維護，將最完美的一面呈現給每一位來店的旅客，才能讓客人有賓至如歸的感受，進而再度光臨本店。

　　因此，迅速正確而熟練的工作服務，以及親切得體的應對態度，是每一位清潔員應具備的基本條件。公清組的人員組織（圖 5-13）及工作執掌如下：

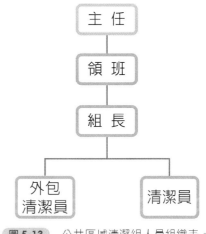

圖 5-13 公共區域清潔組人員組織表。

一、公清組的工作任務及職掌

公清組（圖5-14）的工作任務是環境維護，其範圍包括各營業場所、各宴會廳館內公共區域、各後勤辦公室。其工作職掌如下：

1. 組長、領班、主任：督導全館清潔區域，並與各單位溝通每月保養計畫，各類消耗品及藥劑控管。應與其他單位協調事務，執行辦公室行政文書作業流程，如班表整合、各區域清潔進度及工程維修追蹤聯繫、客人遺留物回報流程處理、督導各班別保養執行進度、填寫每日公廁巡檢表。

圖5-14 公清組除了維持公共區域的各項清潔，其人員也必須熟悉各類機器的操作。

2. 清潔員：應具備的基本工作技能有各類機器的操作，如高速打蠟機、蒸汽式洗地毯機、高速磨光機、高壓噴洗機、迷你空壓器、真空吸塵器、吸塵器、大理石清潔機的操作須確實掌握。

二、公清組的工作內容

為維持公共區域的清潔品質，公清組應於每日、每週、雙週、每月進行保養外，另應對於其它特殊地帶進行維護，以下為公清組工作內容的說明。

1. 清潔保養：包括每日清潔、每週保養、雙週保養、每月保養。

2. 地毯清潔保養：地毯水洗、地毯乾洗、塑膠地板保養維護、地板日常清潔及加強亮度、磁磚清潔保養、電梯清潔維護等。

旅客服務篇

第 **6** 章 餐飲管理

　　餐廳的營運占公司收益比例很高，也是吸引顧客的重要因素，而訂席組的服務則讓顧客決定是否再度光臨，也占有舉足輕重的地位。因此，不管是菜色、服務人員端莊的儀態、得體的應對及親切、迅速、正確的服務管理，品質衛生及安全，都是餐飲部的工作重點。本章介紹訂席組的運作、餐廳的管理、菜單的設計、品質服務與衛生，提供學生對於餐飲部運作有基礎的概念。

　　學習目標：

- 認識餐飲部門組織架構的職務及功能。
- 熟悉餐廳作業程序。
- 學習酒吧作業程序。
- 了解餐飲衛生管理及安全。

菜單設計技巧

設計一份好的菜單，其過程相當複雜，當然也充滿著挑戰性，為了設計出一份好的菜單，每一家旅館均應先考量旅客來源，也就是旅館的住宿旅客大部分來自哪些地區及國家，他們要的是什麼料理？另外也可因應季節變化，帶給旅客新鮮感，因此須每季變換菜單。

在設計菜單時，最好不要有重複的料理食材，例如有烤魚又有煎魚，這樣就不是一份好的菜單設計；另外還須注意不能將保育類動植物作為食材。除了食材的選用外，分量也是考量的重點之一，主要以讓客人飽食為主。

在色香味俱全之後，菜單的設計還要有「型」，也就是擺盤及裝飾。好的擺盤及裝飾可使食物看起來更加美味可口，增加旅客食用的慾望，當然最重要還是須考量食物成本，讓餐廳有盈利才是營運主要目的。

節錄自 2019/03/27 中時電子報

6-1 ● 餐廳的管理

旅館餐廳（圖 6-1）的餐點占旅館收益相當高的比例，因此也成為吸引顧客來消費的產品之一；除各餐廳外，餐飲部訂席組人員為接觸顧客的第一線，故其服務優劣，常成為顧客決定是否再度光臨的優先考量。

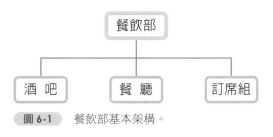

圖 6-1 餐飲部基本架構。

105

第6章 餐飲管理

基礎概念篇

旅客服務篇

經營管理篇

行銷活動篇

因此,端莊的儀態、得體的應對,以及親切、迅速、正確的服務,是每一位餐飲服務人員應具備的基本條件。站在第一線服務旅客是每位餐飲服務人員的榮譽,最好能把握每一次提供細緻服務及呈現最佳態度的機會。

一、訂席組

訂席組須承接顧客訂席、接待、介紹場地及相關事宜,並須協助聯絡相關單位,以下就訂席組職務、工作內容及注意事項進行說明:

(一)訂席組的職務

設有訂席組辦事員、餐飲部訂席組、訂席組主任。

平日與全公司皆有互動,就工作內容而言,聯絡較為頻繁者,為服務組、訂房組、櫃檯、房管部、出納組、保管組及各餐廳。應具備的基本工作技能有熟悉英日文、英文打字、電腦的基礎操作,以及文書處理程式的運用。

(二)訂席組工作任務及注意事項

訂席組要能確切掌握工作任務,並注意工作的細節,若能與客戶關係維護良好,將有助於協助各項業務推廣。

1. 工作任務

   (1) 承接顧客訂席(電話或親訪)。

   (2) 適當安排各餐廳房間及宴會場所的出售。

   (3) 引領客人至現場做場地介紹。

   (4) 確認宴會並開立宴會訂席卡(圖 6-2)。

   (5) 處理並連絡各宴會或訂席相關事宜。

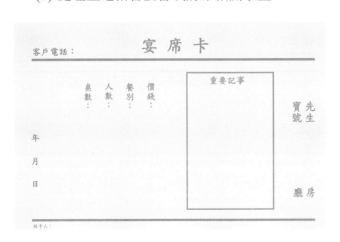

圖 6-2 宴會訂席卡是餐廳與顧客確認交易成立的重要憑證,須妥善留存,已備不時之需。

(6) 製作一週的宴會一覽表。

(7) 製作宴會菜單。

(8) 製作早餐券。

(9) 各項文書處理。

2. 工作注意事項

(1) 承接訂席：接到電話，以和悅的聲音說「訂席組，您好」；若是客人來訪，亦以親切的笑容態度予以接待。詢問客人欲訂席的概況，內容包括日期、時間、宴會型式、桌數、人數等，得知客人需求後再查看訂席卡資料，以決定是否可接此宴會，若客人的需求無法完全符合時，適時給予其他建議，爭取商機，如果客人不予接受，或需要再考慮，則仍謝謝客人來電，請其有需要時再來電。

(2) 訂席後續動作（圖 6-3）：接完訂席後，盡快通知該場地的負責餐廳，請其記錄下來，並確認當日、次日及次二日宴會的細節後，須將訂席卡開出，訂席卡上應依序記錄當天宴會的日期、名稱、桌數、人數、價錢、餐別、聯絡人的姓名及電話。客人若需要報價或菜單，應盡快提供給客人，若以傳真方式提供，則須在訂席卡上記錄「傳真出菜單種類」的字樣。菜單入廚後，須與客人簽約及收訂金，通常可要求客人前來簽約，並付一成訂金。

(3) 簽約注意事項：與客人簽約時，不同型式的宴會有不同的注意事項（表6-1）。

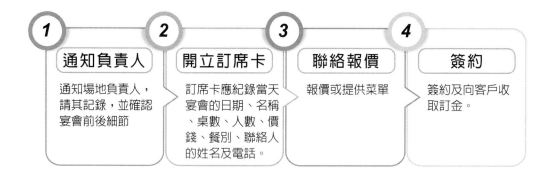

圖 6-3　訂席後續動作流程。

107

第 6 章 餐飲管理

基礎概念篇

旅客服務篇

經營管理篇

行銷活動篇

表 6-1 各形式宴會簽約時應注意事項

婚宴、壽宴簽約	商務宴會、產品說明會簽約
1. 裝飾、布置與氣氛的營造。 2. 場地排法。 3. 桌數。 4. 餐點的形式。	1. 桌椅陳設。 2. 視聽器材。 3. 酒會、茶會、自助式等形式。 4. 人數。 5. 確認主題。

二、餐廳

　　餐廳人員的聯絡頻繁，各主管及服務人員都有其主要負責工作，幹部主要以分派工作及督導，領檯員則須於第一線引導客人入座，各有各的工作注意事項，應熟知服務技巧。

（一）餐廳人員的職務

　　餐廳人員的職務如（圖6-4），各職位與全公司皆有互動，然就工作內容而言，連絡較為頻繁者，為訂席組及各餐廳。應具備的基本工作技能為熟諳英日文及基本餐飲服務技巧。

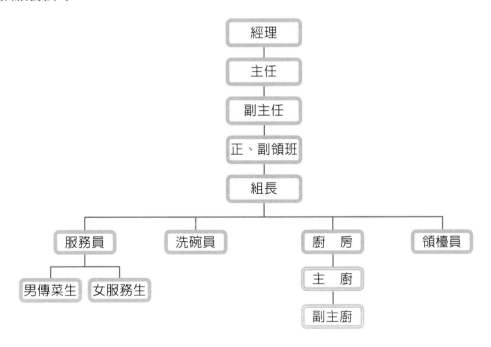

圖 6-4 餐廳職務組織圖。

圖 6-5　餐廳服務員。

（二）餐廳人員的工作

　　餐廳是個講求氣氛與效率的場所，餐廳人員應熟悉工作內容，不論是領班、組長、服務員及傳菜生，都有其工作任務，若能掌握得當，將能提供使顧客願意再度光臨的服務品質。

1. 領班、組長的工作任務

   (1) 直接向餐廳主任負責。

   (2) 員工上下班時間的查核。

   (3) 分配員工各項事前準備工作。

   (4) 督促檢查餐廳內的清潔衛生工作。

   (5) 協助主任推行業務管理工作。

   (6) 傳達公司政策及旅館規則。

   (7) 協助訓練部屬及儀表的檢查。

   (8) 請領日常正規用品及控制破損的檢查。

   (9) 安撫客人抱怨並解決處理之。

圖 6-6 　領檯員。

2. 餐廳服務員（圖 6-5）、女服務生、男傳菜生的工作任務

　　(1) 直接聽從餐廳領班的指揮工作。

　　(2) 負責分配區域營業前的準備工作。

　　(3) 滿足客人要求的餐飲服務。

　　(4) 點叫、介紹及推銷餐飲的工作。

　　(5) 服務區域的清潔維護。

　　(6) 協助入座及送客稱謝的工作。

3. 領檯員（圖 6-6）的工作任務

　　(1) 面帶微笑，並親切引導客人入座，遞送菜單。

　　(2) 了解營業前訂席狀況。

　　(3) 盡可能熟記客人及其稱呼。

　　(4) 熟悉餐廳最大容量，了解桌椅數量及擺設方位。

　　(5) 反映顧客抱怨。

　　(6) 隨時注意可疑人物。

（三）餐廳人員的注意事項

餐廳幹部及服務員的服務項目繁瑣，但若能掌握服務關鍵、熟悉各項細節，服務將能得心應手。

1. 幹部的注意事項

    (1) 詳閱訂席簿房間和宴會。

    (2) 分配工作區域：宴會、個別餐室。

    (3) 檢查各工作區域。

    (4) 核對當日宴會的菜單是否入廚。

    (5) 開單和帳單的處理。

    (6) 檢查各區域的整潔是否詳實。

    (7) 宴會廳待修事項填單請修。

    (8) 加班人員點名、儀容檢查，以及勤前教育。

    (9) 督導宴會的進行、服務技巧，以及餐後收拾。

    (10)處理客人臨時交付事項。

    (11)反映及處理客人抱怨事項。

    (12)停車優待券的核發。

    (13)接聽訂席電話，並安排客人訂位。

    (14)客人遺留物品的處理。

2. 服務員的注意事項（圖 6-7）

    (1) 餐前準備事宜：餐具擺設、備品補充、餐巾折疊等。

    (2) 各區域的清潔維護，整理擦拭。

    (3) 引導客人入座。

    (4) 飲料及酒類的推銷及服務。

    (5) 餐中服務。

    (6) 餐後將客人點用的飲料、酒類總額報予幹部結帳。

    (7) 餐後收拾及清潔。

    (8) 被排定檯布整理者，須負責送洗。

    (9) 結帳服務。

圖 6-7 服務員。

圖 6-8 由於音響的選用、氣氛的塑造、空間的大小不一,以及裝潢的方式不同,而造成各家酒吧的風格也有所差異。

三、酒吧

酒吧 (Bar, Pub, Tavern) 的設施及擺設取決於旅館的等級及營業需求,一般是較大型的旅館才有此項設施,地點大部分設於旅館的頂樓、一樓大廳、地下室,另外由於音響選用、氣氛塑造、空間大小不一,以及裝潢的方式不同,而造成各家風格也有所差異(圖 6-8)。

(一)職務狀況

部門設有領班、調酒員、服務員,屬餐飲部經(副)理管理(圖 6-9),平常聯絡單位有中、西餐廳,應具備的工作能力為英日文溝通能力,以及基本餐飲服務技巧。

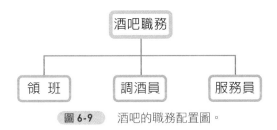

圖 6-9 酒吧的職務配置圖。

圖 6-10 一位好的調酒師需擅長客製化調酒的功夫，追求飲品完美平衡、服務熱忱、風格多元、瞭解不同酒品並樂於挑戰新創意。

（二）工作任務

酒吧的領班、調酒員、服務員各有其工作職責，相關工作內容如下：

1. 領班：承擔酒吧當班的一切責任，督促檢查餐廳內的清潔衛生及環境維護工作，協助推廣業務，領用日常用品、食品，控制破損的檢查，以及處理客人抱怨。

2. 調酒員（圖6-10）：負責酒吧內備品的準備及補充，調配客人點用的酒類及飲料，負責酒吧的整潔工作，酒杯的清潔與檢查，飲料及供應品的領取，協助酒吧服務員，以及訓練新進服務員的工作教導。

3. 服務員：負責營業場所的清潔工作，包括營業前準備，以及營業中的清潔保持，接待顧客並接受客人點飲料，隨時給予調酒員必要的協助，以及打烊後的收拾、清潔、整理等工作。

（三）工作注意事項

以下就酒吧的領班、調酒員、服務員的工作注意事項簡述之：

1. 工作前準備：擦拭桌椅並巡視環境整潔與否，檢查備品並補齊，例如菸灰缸、糖、咖啡粉、餐巾紙等，並擺設整齊，準備好乾淨的托盤備用。

2. 迎賓：在餐廳入口處面帶微笑行禮，並向客人親切問候的恭迎客人，詢問客人人數及有無特別喜好位置，待客人入座後送上酒單及冰水。

3. 飲料服務：確實登記客人點用的飲料，客人若無法決定點什麼，應適時給予推薦與介紹，服務飲料須用托盤運送，上飲料時以右上右下為原則，再適時詢問是否要追加飲料、小點心或水果。

4. 買單及送客：結帳時，原則上請客人親至出納櫃檯結帳，若客人要求服務員代為結帳，則詢問其付款方式及需要的發票種類，並於稍後送上發票、簽單，以及所找的零錢；客人即將離席時須說謝謝光臨，並檢視是否有遺忘的物品。

（四）酒吧人員工作基本認識

1. 基本調酒器具

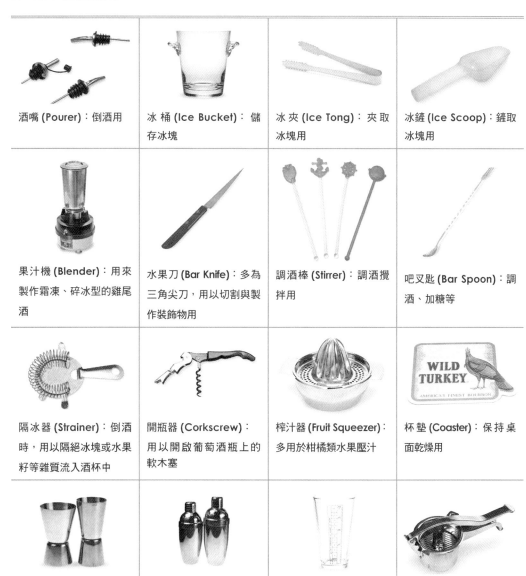

酒嘴 (Pourer)：倒酒用	冰桶 (Ice Bucket)：儲存冰塊	冰夾 (Ice Tong)：夾取冰塊用	冰鏟 (Ice Scoop)：鏟取冰塊用
果汁機 (Blender)：用來製作霜凍、碎冰型的雞尾酒	水果刀 (Bar Knife)：多為三角尖刀，用以切割與製作裝飾物用	調酒棒 (Stirrer)：調酒攪拌用	吧叉匙 (Bar Spoon)：調酒、加糖等
隔冰器 (Strainer)：倒酒時，用以隔絕冰塊或水果籽等雜質流入酒杯中	開瓶器 (Corkscrew)：用以開啟葡萄酒瓶上的軟木塞	榨汁器 (Fruit Squeezer)：多用於柑橘類水果壓汁	杯墊 (Coaster)：保持桌面乾燥用
量酒器 (Jigger)：量酒	搖酒器 (Shaker)：搖酒	刻度調酒杯 (Mixing Glass)：調酒	壓汁器 (Fruit Press)：壓取水果汁液用

2. 基本杯具

香甜酒杯 Liqueur Glass, 30 ml	烈酒杯 Shot Glass, 30、60 ml	馬丁尼杯 Martini Glass, 90 ml
雞尾酒杯 Cocktail Glass, 125 ml	酸酒杯 Sour Glass, 140 ml	古典杯 Old Fashion Glass, 240 ml
愛爾蘭咖啡杯 Irish Coffee Glass, 240 ml	高飛球杯 High Ball Glass, 240、300 ml	可林杯 Collins Glass, 360 ml

3. 六大基酒

威士忌酒 (Whisky)	白蘭地酒 (Brandy)	琴酒 (Gin)
伏特加酒 (Vodka)	蘭姆酒 (Rum)	特吉拉酒 (Tequila)

115

第 6 章 餐飲管理

基礎概念篇

旅客服務篇

經營管理篇

行銷活動篇

4. 熱門雞尾酒

白蘭地亞歷山大 Brandy Alexander	黑色俄羅斯 Black Russian	血腥瑪麗 Bloody Mary	橘花 Orange Blossom
蛋酒 Eggnog	綠色蚱蜢 Grasshopper	不甜馬丁尼 Dry Martini	曼哈頓 Manhattan
古典酒 Old Fashioned	粉紅佳人 Pink Lady	銹釘子 Rusty Nail	側車 Sidecar

6-2 菜單種類與設計

一、中式菜餚與配菜技巧

中式菜單的內容有前菜四種、大菜六種、點心二種，以下就各種類分述之：

（一）中式菜單的結構

菜單設計是一門結合藝術與心理學的學問，其中式菜單有固定的設計結構，若能掌握要點，再加以創新，將創造出受顧客歡迎的菜色。

1. 前菜四種：有時四種前菜為熱炒，有時兩冷兩熱，有時以一盤什錦大拼盤取代（圖 6-11）。

2. 大菜六種

   (1) 乾貨類：以南北乾貨（如魚翅、海參等）為主要材料的菜。

   (2) 海鮮類：以魚以外的其他海鮮為主要材料的菜，其中以蝦最為流行。

   (3) 禽肉類：以雞、鴨、鴿、鵝等為主要材料的菜。

   (4) 畜肉類：以豬、牛、羊等為主要材料的菜。

   (5) 素菜類：以蔬菜為主要材料的菜。

   (6) 魚類：以魚為主要材料的菜，魚類菜殿後取其年年有餘之意，但上海菜亦有中途（蔬菜的前者較多）出魚的習慣，可能是受到西餐在肉類之前出魚的影響所致。

3. 點心二種

   (1) 鹹點心。

   (2) 甜點心（附甜湯）。

（二）安排菜單的要領

需注意場合、對象及季節等情況，並掌握要領，才能設計出體貼人心的菜單。

1. 不出現兩次（例如不要同時出現烤雞和雞湯）。

2. 前面上的菜不可壓倒後面上的菜。

3. 分量應適中。

4. 了解用餐者的喜愛與人數。

5. 菜單形式與場合的安排。

6. 考量季節與價格。

7. 思索製備與服務的可能性。

8. 最後決定權留給顧客。

二、西式菜餚認識與配菜技巧

西式菜餚又分為傳統西菜及歐陸式（新式）菜單，其菜餚內容結構比較如下：

（一）傳統西餐菜單與歐陸式新式菜單結構介紹（表 6-2）

表 6-2　傳統西餐菜單與歐陸式新式菜單結構比較表

傳統西餐菜單	歐陸式新式菜單
冷開胃菜	冷開胃菜
湯	湯
熱開胃菜	熱開胃菜
魚餐	魚類或禽類菜
大塊菜 熱中間菜 雪碧冰沙 爐烤菜附沙拉 冷爐烤菜	主菜類或肉類附配菜
蔬菜	冷菜或沙拉
開胃鹹點心	乳酪
餐後甜點 甜點	甜點、飲料

（二）早餐菜單結構

歐陸及美式菜單各有其結構設計，以下簡述之：

1. 歐陸式早餐（圖6-12）：燕麥穀片、起司、可頌麵包，飲料有咖啡、茶、牛奶。

2. 美式早餐（圖6-13）：燕麥粥、吐司、熱狗、培根、煎蛋、炒蛋、薯餅、薯條、煎餅、瓦夫炳、手工餅乾、水果等；飲品有茶、咖啡、果汁、牛奶等。

（三）菜單的型態

因應顧客需求，各餐廳產生不同型態的菜單，以滿足顧客需求，其單點及套餐的特色介紹如下：

1. 單點菜單（圖6-14）：提供一個較多選擇性的機會，顧客可從菜單的每一大項中根據自己的喜好，挑選自己喜歡的口味，但一道菜的價格是分別標示。

2. 套餐式菜單（圖6-15）：套餐式菜單相較於單點菜單，其選擇性相對較少，只提供固定的菜色大項以供顧客選擇，價格依照人數來收費，通常為固定價格。

圖 6-12 歐陸式早餐。　　　　　　　　　　**圖 6-13** 美式早餐。

119

第
6
章

餐飲管理

基礎概念篇

旅客服務篇

經營管理篇

行銷活動篇

圖 6-14　中式的單點餐單。

圖 6-15　中西式套餐菜單。

（四）現代菜單扮演的角色

　　菜單精美程度、用詞的精準度與否，都代表著該餐廳對品質的要求，也可從菜單的設計，看出該餐廳對食物的品質要求。菜單反應該餐廳菜色內容，而材料、格式閱讀性、清潔度，都是影響客人點菜的決定及再度光臨的因素（圖 6-16）。

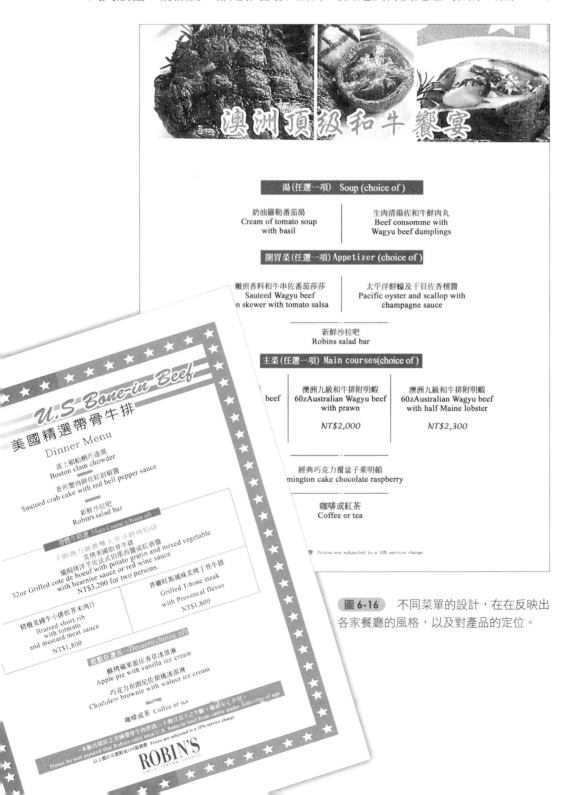

圖 6-16　不同菜單的設計，在在反映出各家餐廳的風格，以及對產品的定位。

121

第 6 章 餐飲管理

基礎概念篇

旅客服務篇

經營管理篇

行銷活動篇

6-3 ● 餐飲成本控制

一、成本的分類

提供客人所享用的餐飲財貨的消耗及勞務費用等，都是所謂的餐飲成本，可分為固定成本 (Fixed Cost)、變動成本 (Variable Costing)、半變動成本 (Semi-variable Cost)、可控制成本 (Controllable Cost)、不可控制成本 (Uncontrollable Cost)。

1. 固定成本：跟營業量沒有任何關聯的成本，如租金、保險、設備折舊。
2. 變動成本：與營業量有密切關聯的成本，如餐飲成本、水電費等。
3. 半變動成本：勞工成本，因為勞工成本中有一部分屬於固定成本，另一部分屬於變動成本.
4. 可控制成本：在短期間內可以做改變的成本，如廣告、行銷、水電維修以及行政費用等。
5. 不可控制成本：在短時間內不能做改變的成本，通常合理的食物成本控制 (Cost Control) 在 30～35% 之間，而合理的飲料成本大多控制在 20～25% 之間。

二、影響餐飲成本的因素及改善方式

採購或生產過程的成本管理不當、錯誤定價、員工管理不當，都會影響餐飲成本控制，其影響因素及改善方式說明如下：

（一）因素

1. 餐飲售價太低。
2. 餐飲採購的價格過高。
3. 在餐飲準備及生產過程中有太多浪費。
4. 員工偷竊或管理不當。
5. 餐飲儲存室失竊。

（二）改善方式

影響餐飲成本控制的改善，可從改變損益平衡點、控制餐飲成本著手，以下就其方法簡述之。

1. 改變損益平衡點 (Break Even Point)

    (1) 增加菜單的單價。

    (2) 減少變動的成本。

    (3) 增加銷售量。

    (4) 減少固定成本。

2. 控制餐飲成本

    (1) 建立標準食譜分量及成本。

    (2) 建立標準的營運程序。

    (3) 訓練所有員工遵循制定的標準程序。

    (4) 員工的表現如果無法達到設定的標準，採取適當的行動來修正員工與設定標準的差異。

6-4 ● 餐飲部的衛生安全

一、餐飲衛生管理人員的職能

專業能力是維持餐飲整體衛生與員工安全的重要關鍵，其中更以衛生管理人員的專業職能為最重要的一環，衛管人員所需職能分述如下：

（一）一般職能方面

餐飲部衛生管理人員的一般職能培養面向如下：

1. 工作態度應善於與他人溝通。

2. 個性開朗活潑。

3. 對於衛生要求必須嚴謹，具備追蹤管理及鑑別的能力。

4. 具備團隊合作精神。

5. 具備風險敏感度的能力。

6. 具備內部資源整合的能力。

123

第6章 餐飲管理

基礎概念篇

旅客服務篇

經營管理篇

行銷活動篇

（二）專業職能方面

餐飲部衛生管理人員專業職能，除培養相關技能外，專業證照的取得也是餐飲部衛生管理的品質保證。

1. 具備修習食品衛生管理相關課程學分。

2. 具備有關微生物檢驗方面的專業知識。

3. 具備相關證照，尤其是 HACCP 實務訓練證書。

4. 具備衛生管理各式表單的設計專業技術能力。

5. 具備撰寫認（驗）證工作 HACCP 及 GHP 計劃書的專業技術能力。

6. 具備處理發生疑似食物中毒時的應變能力。

7. 具備規劃與辦理教育訓練的能力。

8. 具備內部稽核發現問題及改善的能力。

二、食材供應商的選擇及衛生管理

餐飲部的衛生安全中應留意供應商選擇，以確保食材安全。食材的供貨、驗收、安全證明文件、原料的衛生及供應商訪視也都是衛生安全的注意事項，以下說明供應商選擇及食材衛生管理等事項：

（一）供應商的選擇

供應商應建立管理制度，每年審視一次名單，並進行評鑑或訪視。供應商的選擇應注意要有工廠登記、商業登記證明文件，且有優良商譽者。為了確保食材供應的安全，應由採購、管制小組或管理部門擬定後，與供應商簽定合約，合約應包含內容如下：

1. 買、賣雙方基本資料。

2. 合約有效期間。

3. 訂貨方式。

4. 供貨短缺的罰則。

5. 付款方式。

6. 交貨方式。

7. 價格。

8. 產品檢查及驗收。

9. 權利移轉及退貨。

食藥署啟動「108 年旅館內餐飲業 HACCP 稽查專案計畫」

為提升旅館內餐飲之衛生安全，衛生福利部食品藥物管理署啟動「108 年旅館內餐飲業 HACCP 稽查專案計畫」，會同地方政府衛生局稽查國際觀光旅館及五星級旅館，並抽驗其產品。

衛生福利部於 2017 年 11 月 17 日公告訂定「旅館業附設餐廳應符合食品安全管制系統準則之規定」國際觀光旅館或五星級旅館附設餐廳，應有一廳以上實施食品安全管制系統（HACCP），適用該規定業者應確實依法實施，以維護食品安全。

衛福部食藥署指出，這次稽查重點包含業者在食品安全管制系統準則（HACCP）、食品良好衛生規範準則（GHP）、產品標示、食品業者登錄、食品專門職業及技術證照人員聘用情形、食材來源調查、定型化契約等之落實情形並進行產品抽驗，如查獲業者違反食品安全衛生管理法相關規定，所轄衛生局將依法處辦。

🔔 **動動腦**

請說明你對餐飲的衛生有哪些需要注意的層面？

（二）食材的衛生管理

食材的衛生管理，除了供貨及驗收，其衛生及安全也是管理要項之一，故應定期的訪視與管控，以維持良好的衛生管理。

1.供貨與驗收：驗收是決定接受與否前的例行工作，對採購的食材加以檢視，並確認進貨數量、品質和價格。其中，採購人員不宜擔任驗收人員。

2.安全證明：食材應確認沒有農藥、重金屬、動物用藥或其他毒素汙染，並符合相關法令及取得檢驗報告。

3.原料衛生確認及追溯：原料應追溯其生產來源及安全性，並確認符合國內法規，原材料來源廠商資料應確實並具追溯性，最後確認其數量。

4.供應商訪視：應定期進行供應商的訪視及記錄，並審視其食材管控能力，以確保所供應的食材安全性。

三、臺灣食品品質管理及認證

相信大家常在包裝上看到下表這些標章（表 6-3），這些都是臺灣常見的食品品質的管理認證，其認證各有不同功能，目的在於提供採購者安全的食品選擇。

125

第 6 章 餐飲管理

基礎概念篇

旅客服務篇

經營管理篇

行銷活動篇

表 6-3 臺灣常見的食品認證標章及功能表

名稱	標章	功能
產銷履歷農產品標章		代表該農產品具安全性、可追溯性，符合農業生產永續性及產銷資訊透明化。貼有 TAP(Traceable Agricultural Products) 標章的產銷履歷農、水、畜產品，可以查詢到農民的生產紀錄，也代表驗證機構已至農民的生產現場，去確認農民的一切過程是否符合規範，並針對產品進行抽驗，而每一批產品的相關紀錄也在驗證機構的監控下嚴格審視，一有問題就馬上處置，因此可以有效降低履歷資料造假的風險，並且有效管控生產過程不傷害環境，產品不傷害人體。
屠宰衛生檢查合格標誌		經屠宰衛生檢查合格的畜禽屠體及其產品，須分別於表皮兩側或產品包裝上標示檢查合格標誌。消費者購買時，只要注意選擇有合格標誌的畜禽肉，就可買到經檢查合格的畜禽肉產品。
農產品及其加工品的驗證標章		為提升農產品與其加工品的品質及安全，維護國民健康及消費者的權益，中央主管機關就國內特定農產品及其加工品的生產、加工、分裝及流通等過程，實施自願性優良農產品驗證制度。其範圍共分為食品加工包含肉品、冷凍食品、蔬果汁、食米、醃漬蔬果、即食餐食、冷藏調理食品、生鮮食用菇、釀造食品、點心食品、蛋品、生鮮截切蔬果、水產品、林產品、乳品等 15 個產業項目。
食品 GMP 認證		促進食品工廠實施食品良好作業規範。通過食品 GMP 認證的產品皆賦予於產品包裝上標示食品 GMP 微笑標誌的權力，代表著安全、衛生、品質、純正與誠實，給予消費者的則是對於產品的滿意度與安心感。
ISO 22000 國際認證	國際食品安全管理系統標準 ISO 22000 證書	適用於所有組織，可貫穿整個食品供應鏈所有直接或間接的供應商，如農藥、肥料及動物用藥生產者、食品成分及添加物生產者、設備生產者、加工、運輸、儲存、零售和包裝服務均可導入此系統，強調的是食品安全整體性的管理。

客房補給站

「食安五環」，為國人飲食安全把關

　　近年政府提出政見，同時為國人的食品安全負起責任，行政院於 105 年 6 月 23 日通過衛福部、農委會及環保署所提的「食安五環的推動策略及行動方案」，藉由「食安五環」的落實推動，環環相扣食品每一段生產、製造、流通、販售歷程，緊密串起政府、廠商與民眾之間的合作，以建立從農場到餐桌的安全體系，讓民眾不僅「有得吃」，且要「吃得安心又安全」。「食安五環」包括：

1. 第一環「強化源頭控管」：為達全面管理化學物質，阻絕環境汙染物進入食品供應鏈，規劃設置專責毒物管理機構，進行整合跨部會化學物質的流向分析，從源頭控管有毒物質。

2. 第二環「重建生產管理」：重建從源頭做起的生產履歷，讓每一個生產階段都有清楚紀錄，且簡化現有認證標章，使標章標準與國際接軌。並推動食品業者落實一級品管自主監測與檢驗、二級品管驗證及導入食品專業人員機制，擴大食品追溯追蹤，以達資訊公開透明。

3. 第三環「加強市場查驗（10 倍查驗能力）」：增加現行政府的查驗頻率及強度；強化農漁畜產品用藥安全監測及抽驗；運用一級及三級品管機制，以及加強查驗高風險產品及擴大聯合稽查模式。

4. 第四環「加重生產者、廠商責任」：修改相關法規，包括：嚴懲重罰、加重刑責、連帶責任、提高罰金，以及不當利得、沒入追回等規定，督促廠商做好自主管理。

5. 五環「全民監督食安」：鼓勵、創造監督平臺，讓全民與消費者都能夠監督食品安全的詳細環節，同時提高檢舉獎金，加強監督黑心廠商的力量。

第 **7** 章　　人力資源管理

　　本章提供旅館人力資源管理運用，旅館、顧客與員工關係的相關知能，惟每家旅館屬性不同，可以本書基礎理論為根基，進一步發展各旅館的理想管理方式。目前臺灣地區的旅館產業規模龐大，服務項目傾向多元化，需求的人力也隨著改變，一連串問題皆闡明人力資源管理的重要性。

　　學習目標：

- 認識旅館各部門編制及職務內容。
- 了解人事規劃與管理辦法。
- 熟悉人力資源的運用方法。
- 透過人力資源管理，建構良好旅館企業文化。

飯店機器人被客訴

　　怪異飯店近九成工作由機器人包辦，這次開張的二號店，包括前檯接待旅客辦理入住、退房的服務；能說日語、英語、韓語及中文的恐龍機器人；甚至水缸裡悠遊的魚兒，都是機器人，總共使用 9 種，共 140 臺機器人。根據英國《每日郵報》報導，飯店開幕至今，員工和客戶接獲許多機器人故障或是出包的投訴，已經裁掉一半以上的機器人，裁掉的原因，是因為機器人反而增加員工的工作量。

7-1

人力資源管理的意義

動動腦

機器人服務可能出現哪些問題？

　　人力資源為旅館業發展最重要的環節，而人資管理更為企業奠定永續經營的基礎。做好人員招募、遴選、任用、績效評估、薪資福利、升遷制度、培訓 (Training) 計畫、員工關係和企業文化 (Corporate Culture) 的塑造及安全、健康的種種方法，以及系統和步驟化的架構旅館組織，都是目前極待解決的問題。

一、人力資源的重要性

　　人力資源 (Human Resource) 源自於 1970 年代，強調人力的規劃、發展與運用。在 1980 年代之後，轉型為以「員工」面為切入點，將個人與組織的目標合而為一；1990 年代之後，「員工」與「組織」的管理進入策略的層次，就是所謂「策略性人力資源管理」。2001 年之後，開始走向資訊技術的趨勢。

129

第 7 章 人力資源管理

基礎概念篇

旅客服務篇

經營管理篇

行銷活動篇

　　人力資源又與「**社會學**」(Sociology) 息息相關，其管理主要牽涉到在組織內對人員的安排與發展，所以這門學問牽涉到「心理學」(Psychology)，關注對人的基本心理、喜怒哀樂等基本性情、行為的了解，從而使我們可以發掘人行為背後的原因，以及如何去激勵人。

　　人力資源可分為「**內在**」與「**外在**」兩大部分：「內在」人力資源是指企業內部的人力規劃及運用；「外在」人力資源是指企業之外社會上的人力開發、吸引及運用等。

　　經濟學 (Economics) 也是人力資源管理的重要基礎，像是如何看待、提高員工的生產力，如何計算薪資，或是如何以保險、撫卹等福利來照顧員工的生活、提供員工工作的誘因等，都屬於經濟學的範疇（圖 7-1）。

圖 7-1　人力資源的概念與各學理的關係。

 **客房補給站**

策略性人力資源管理

　　意指整合團體中，有關人的管理與團體所欲達到目的所作的決策，以使人與團體成為策略性的關係，也就是「整合」與「適應」兩個概念。其目標如下：

1. 人力資源管理能充分與企業的策略及策略需求整合。
2. 人力資源管理政策能結合組織策略與組織層級結構。
3. 人力資源管理實務能在直線主管與員工每天的工作中，不斷的被調整、接受與應用。

部分資料來源：王秋錳，彭星瑞，亢智遠。策略性人力資源管理理論架構與模型之探討。士林高商學報。

動動腦

參與餐廳臨時工的職務，為確保安全，需要注意哪些事項？

二、臺灣服務業的人力資源

目前臺灣地區觀光產業規模日益龐大，服務項目也傾向多元化，所須人力隨之改變。

以臺灣的旅館業為例，員工在外在的儀容、行為及工作表現上，都會有一定的行為標準，遵守公司的服儀規定，也是企業本身的品牌形象。所以注重人力資源的管理，提供員工完善的教育訓練，幫助員工了解公司的價值或理念，自然就能給顧客留下深刻的服務和形象。

7-2

旅館組織編制與工作說明

一、旅館組織編制

每家旅館的組織依其客源、經營需求，以及服務設計的相異而有所不同，但仍有大部分共同之處，依多數旅館所須的基本編制，可分為客務部、房務部、餐飲部、管理部、工程部及業務部等（圖 7-2），以下為部門編制、人員基本概況及工作職掌介紹，並視不同屬性及實際狀況可適時調整編制：

二、客務部編制及業務內容

客務部（圖 7-3）主要掌理客房銷售、客房管理及連絡協調對旅客服務的工作，部門下設有訂房組、接待組、服務組、總機，各組分掌的職務如下：

1. 訂房組：辦理訂房事宜及訂房確認，旅遊界的業務連繫、佣金的核對、信函及電話回覆事項、客房業務策劃、推廣、協調及資料管理事項。行銷、接待、公關等部門的連繫、協調。

131

第7章 人力資源管理

基礎概念篇

旅客服務篇

經營管理篇

行銷活動篇

2. 接待組：顧客的接待、結帳事項、客帳處理、接受詢問的服務，推銷旅館的產品，並掌握正確的房態訊息。

3. 服務組：車輛的管理調度事項，旅館大門的交通秩序維護，行李運送服務，車站、機場接送服務，代購服務，行李寄存服務，物件、信件的傳送服務。

4. 總機：旅館電話接聽、轉接、處理客人留言、客訴、設定晨間喚醒 (Morning Call)，以及維護總機設備確保正常運作。

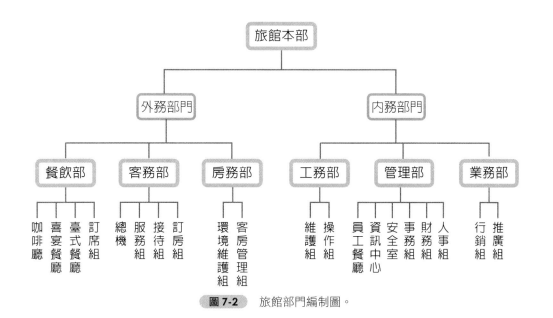

圖 7-2 旅館部門編制圖。

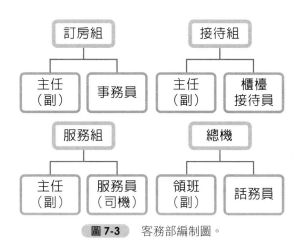

圖 7-3 客務部編制圖。

三、房務部編制及業務內容

房務部（圖7-4）視旅館的規模大小，以及是否有其他附屬設施（如洗衣房等）而定，其分為客房管理組及環境維護組，分掌職務如下：

1. 客房管理組：客房管理組主要負責客房的準備工作、出售客房、客房分配、編製報表、訪客接待、核對住房狀況、調整住宿條件、整理顧客建議與意見書、住客傷病處理、行李保管與遺失處理、帳務處理、審核銷售收入、旅客抱怨處理、鑰匙管理、住客留言處理、行李服務、超額訂房處理，以及團體與個人住客辦理遷出等相關業務，亦有許多其他機動事務需處理，如：客人失竊物品處理，可於飯店走道裝設監視器、客房內提供保險箱與飯店內不定時巡邏。

2. 環境維護組：環境維護組負責創造、維持、並提升良好的旅館住宿環境的管理工作，其工作範圍包括家具、床具、布巾、床墊、窗簾、桌椅的清潔，以及選採購、驗收、布置、裝飾、維修、報廢等工作。

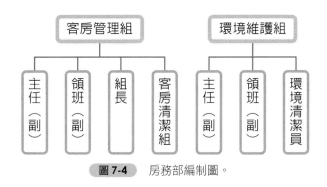

圖 7-4　房務部編制圖。

四、餐飲部編制及業務內容

餐飲部（圖7-5）掌理各餐廳的宴席銷售、餐飲成本監控，並不定期進行市調，以了解餐飲趨勢並調整改良菜單。部門下分設訂席組、臺式餐廳、喜宴餐廳、咖啡廳等各分掌職務如下：

1. 訂席組：促銷活動、展演活動的策劃管理及改進事項，各種宴會、會議等訂席作業、顧客滿意度調查與協調改進事項。

2. 餐廳接待事宜：餐廳、咖啡廳飲料的請購、保管及盤存事項，家具、用具的清潔維護，顧客接待服務事宜。

3. 廚房：食品的請購、保管及盤存、菜單擬定、成本控制，食物、飲料的調製、烹飪技術的研究改進，以及廚房設備、用具的清潔維護。

133

第 7 章 人力資源管理

基礎概念篇

旅客服務篇

經營管理篇

行銷活動篇

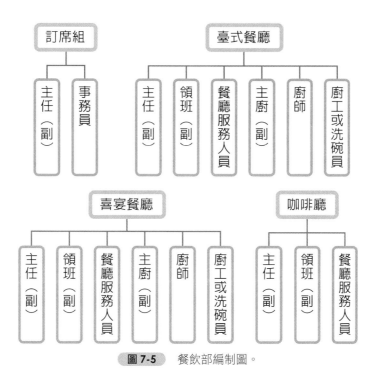

圖 7-5　餐飲部編制圖。

五、工務部編制及業務內容

　　工務部（圖 7-6）掌理旅館的重、弱電設施，給水、排水系統的規劃、保養、維修，以及各部門相關技術工作的協調與統籌，各組分掌職務如下：

1. 操作組：高低壓受配電、緊急發電機操作、控制、修護事項，給排水系統及衛生設備的維護、管理、修護事項，空調設備、鍋爐機的操作管理及修護事項，旅館大樓各項水電、空調、機械等修改工程的設計、監工及驗收事項，大樓消防設備的檢查修護事項。

2. 維護組：弱電的養護管理事項，各項機械設備的定期保養維護管理事項，機械工程的繪圖、設計、監工及驗收等事項。

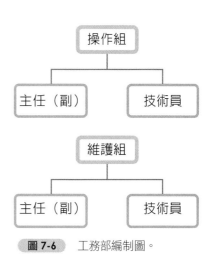

圖 7-6　工務部編制圖。

六、管理部編制及業務內容

管理部（圖7-7）掌理有關旅館人事、財務、事務、安全及資訊等事項，各組分掌職務如下：

1. 人事組：負責旅館組織結構、章程、單位職掌、權責劃分的擬定與修訂，各單位員額的編制，人力發展計畫的擬定，員工工作標準的建立，各項人事管理制度、員工福利制度的擬定與修訂，公司人事的會簽及轉核。員工的任免、晉升、調遷、考績、考勤、獎懲、差假的簽辦及公布事項，教育訓練制度的擬定、推動及訓練教材的編輯，人事資料的整理、統計、分析、登記及保管事項，員工薪資作業、待遇調整作業、各項獎金作業，員工勞保、健保業務等事項辦理。

2. 財務組：旅館帳務的辦理事項，預算決算的編制事項，各種財務資料的分析事項，旅館資產的帳務管理，旅館各營業廳銀錢出納、保管、往來，派駐各部門出納的指揮監督管理事項，應收帳款催收事項。

3. 事務組：各項資材用品、生鮮物品的採購事項，旅館修繕事項辦理，停車場、員工餐廳、宿舍管理，倉庫保管及收付料帳的登記及盤存事項。物品庫存管理、請購事項、驗收、資產、生財器具等管理及核銷事項。

4. 安全室：維護員工及旅客的安全及出入管理，辦理消防及民防事項，監控系統操作、維護等。

5. 資訊中心：軟硬體的經常性服務，日常作業的輔導與支援，電腦機房、檔案及相關儲存媒體的管理，資訊作業排程管理及作業管理。

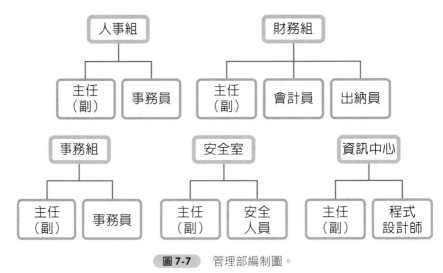

圖7-7 管理部編制圖。

135

第 7 章 人力資源管理

基礎概念篇

旅客服務篇

經營管理篇

行銷活動篇

七、業務部編制及業務內容

　　業務部（圖 7-8）掌理媒體的聯繫，各公私立機關行號、旅行社的公關及業務聯繫、市場調查、活動廣告企劃設計等，各組分掌職務如下：

1. 推廣組：國內外旅行社、航空公司、政府機關及公私立團體、國內外簽約公司的公關及業務聯繫與接待，參展及會議的策劃與參與，年度促銷活動的策劃與辦理。

2. 行銷組：國內外廣告及媒體的規劃與執行，市場動向的研究分析、情報搜集，同業動向的調查及業績比較，客房客源、營收分析，公司各項參展及參賽的籌劃與辦理，新聞稿的撰寫與發布，與媒體的聯繫，貴賓蒞店活動及各項活動的拍攝工作。業務相片、檔案、幻燈片的管理。

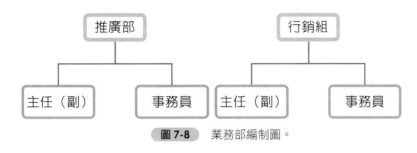

圖 7-8 業務部編制圖。

7-3 ● 旅館的人力資源運用與管理

一、員工激勵

　　員工激勵是從員工需求、動機和心理因素出發，針對性地採取各種激勵手段，激發員工的工作熱情和主動積極性，員工產生內在動力及士氣，朝著一定目標行動。

（一）激勵員工動力

　　動力是由做好工作的願望而產生一種誘發力，它源於員工的動機，蘊藏員工身心之中，是人的潛力得到充分發揮的一種內在推動力。旅館要做好員工的動力激發，充分調動員工主動積極性和工作熱情。

（二）激勵員工士氣

　　士氣是員工和他們所在的集體表現出來的一種精神狀況，它時刻存在員工的心理和集體中，成為影響企業經營管理的一種精神力量。旅館管理要提高員工士氣，充分激發員工潛質，應先創造良好的工作環境、維持嚴明的勞動紀律並正確處理人事關係。

二、制定員工職業生涯規劃

旅館管理必須將員工的職業生涯管理，當作人力資源管理最重要的一環，將員工個人發展與企業發展相結合，**對決定員工個人職業生涯的主客觀因素進行測定分析和總結，並通過設計、規劃、執行、評估和回饋等過程，使員工的發展與企業的發展相吻合。**

三、認識員工個人職業生涯

一個想要對生活有所改善的人，都會有所計畫，也會經歷一個自我覺醒和認識的過程，這個過程使員工清楚認識自己的條件及其周圍的環境，這是企業幫助員工做好生涯開發的第一步。

通過個人職業生涯發展計畫，使每位員工對自己目前所擁有的技能、興趣及價值觀進行評估，接著考慮旅館的變化需求，使自己的特長及發展方向符合旅館變化的需求。

員工需要培養自己多方面的技能，把自己變成旅館未來發展的一員，從工作過程中獲得滿足和成就感。而旅館管理的成功則在於挖掘員工的潛力，有效地使用可促進旅館持續發展的人才。

四、建構和諧的旅館企業文化

旅館企業文化不僅是一種管理方法，也是一種象徵企業靈魂的價值導向，反映了一個旅館業的理念、精神氣質，精益求精的工作態度和獻身事業的生活取向。而旅館企業文化應以人為本，誰擁有人才，留住人才，就擁有了生存和發展的基本動力。

優秀的文化可以給旅館企業帶來經濟和社會的雙重效益，其中必須包含堅持誠實守信，擁有信譽是旅館企業寶貴的無形資產與精神財富，包括員工之間、員工和企業之間、企業和顧客、企業與企業之間、企業與國家間的誠實守信。

五、人員運用管理

旅館人員的運用，最常見的是人員流動率過高，專業主管及好人才難尋，以及在淡旺季的人力難以調配，人員的訓練也是重要的一環。對於所有的企業，人都是最重要的構成因素，所以未來人力資源管理依然是企業不可或缺的工作。

職場三個圓圈圈的故事

在張忠樸《人生不標準的答案》一書中分享的三個圓圈的故事，常被用於員工職涯進修研習課程中，作為心靈分享，在網路轉載中亦是常見，以下為作者簡化案例分享，尤其身為旅館服務人員，保持良好的工作熱情是很重要的哦！

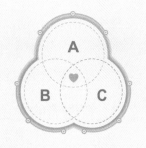

當三個圓圈交會時，就產生了甜蜜區。甜蜜區就是當你老闆交辦的事，也是你的興趣且能力所及的事。而圖中 A、B、C 三個圈圈各自代表的意義如下：

● A 圓圈代表要做的事，為工作時老闆交付的任務或工作。如果可以成為自己的主人，那麼就可以自己決定 A 圓圈的範圍。

● B 圓圈代表想做的事，指的是你對於某種事物有興趣或有意願做的事。如果可以改變自己的心態，那麼就能不斷擴張 B 圓圈的範圍。

● C 圓圈代表能做的事，指的是你做某些事的能力。可以藉由充實自己的智能，逐步加大 C 圓圈的範圍。

以這三個圓圈的圖來說，如果這都沒有交集的話，那工作起來真是令人沒勁；如果完全重疊的話，那就是傳說中的伯樂遇千里馬，簡直太完美了。

資料來源：改寫自《人生不標準的答案》張忠樸著

六、管理者的功能及角色

確保工作能如預期計劃，管理者於組織中的功能為規劃、組織、領導、控制，管理者並有人際、資訊、決策的角色扮演，並具有概念化能力、人際能力、技術能力，以應付複雜環境下的種種不確定變數。

> **動動腦**
>
> 若上圖 B 圓跟其他的兩個圓沒交集，工作是否就無樂趣可言了？

（一）管理者的功能

為了組織的計劃如預期，使組織計劃能確立目標完成工作、影響團隊，並確保績效與目標相等。

1. **規劃**：訂定目標、建立達成目標的策略，以及發展一套有系統的計畫，來整合與協調企業的各項活動。

2. **組織**：決定哪些是必須完成的工作、執行的人選、任務編組、該向誰報告，以及於何處作決策等。

3. **領導**：激勵部屬、影響個人或團隊 (Team)、選擇最有效的溝通管道，或解決團體內部紛爭。

4. **控制**：為了確保工作能如預定的計畫進行，管理者必須監督與評估組織績效，並將實際績效與預設的目標相比較。

（二）管理者的角色

　　管理者除了是旅館的企業夥伴，也是員工的代言者，同時是推動者及管理者，其須扮演的角色說明如下（表 7-1）：

1. **企業發展的戰略夥伴**：協助高階主管將事業計劃轉為人力資源發展規劃。

2. **員工代言人**：準確及時地將員工訊息反饋給決策者，讓企業內部的溝通與決策透明化。

3. **企業變革的推動者**：積極的協助企業推動必要的變革，改變或重塑企業文化，並加強對員工企業文化的教育。

4. **成為人資管理的專業者**：在制訂企業策略時，能提供其意見、提供資源給知識工作者，讓他們能有所成長，使公司能隨之成功。

（三）管理者須具備的能力

　　管理是將組織的人與事，進行有效的管制，以讓這些被管理的人與事，可以替組織發揮最大效能，故主管首先要被培養與訓練的就是管理的能力，其中包含技術能力、人際能力、概念化能力（圖 7-9），以及懂得如何運用管理工具與技能達到最佳效率。

　　旅館管理者必須應付各式各樣的員工及顧客，且須在複雜與不確定的環境下激勵員工。但身為管理者，應創造一個環境讓成員可以發揮他們的能力，以幫助組織達成目標。

表 7-1	管理者的角色
人際角色	與其他人的關係建立（圖 7-20）。
資訊角色	資訊的接收、搜集與傳播。
決策角色	依據資料訊息判定並決策。

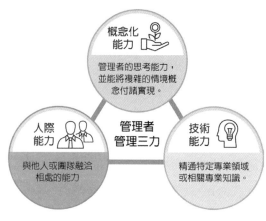

圖 7-9 管理者管理三力。

第 **8** 章　採購管理

　　隨著全球經濟發展、時代變遷，旅館經營面臨產業競爭，而「採購」是企業創造利潤及控管成本的一環，具有直接影響，故採購主管及人員是否有專業能力，是企業創造績效的核心指標，採購專業職能的提升亦受到每個行業的重視。本章介紹旅館採購人員所需的專業能力，以作為維持公司的市場競爭優勢，提升採購人員在企業內的人力資源價值。

　　學習目標：

- 了解採購的意義與採購人員於旅館內的功能。
- 學習採購與成本間的關係。
- 熟悉採購的基本流程。
- 認識採購人員須具備的專業能力。
- 學習以互信、互賴及合作的交易模式，達成旅館策略目標。

想換供應商，應該怎麼處理

處理這類問題要特別謹慎，因為涉及複雜的利益關係，常合作的供應商，都會有熟悉的關係在裡面，所以，一定要先清楚具體的情況，並全面去考察現有供應商的質量、價格、貨期、售後服務等，再了解公司內部意見，考量該不該更換供應商，評估新舊供應商的優缺點後再做決定，如果一定要換，也須循序漸進，不能夠全斷掉，因為若新的供應商合作磨合期出了問題，會影響生產。

資料來源：節錄自網路流傳文章（佚名）／ 51job 社區首頁／採購大家庭／一個老採購的故事

動動腦

　　請問該如何安全的更換供應商？應把握哪些元素？

8-1 ● 採購的定義

　　根據經營與能力，使用適當的採購策略和方法，使得旅館實現銷售目標，並獲得優沃的利潤，是採購的定義，因此，採購部門的主管及人員需要有良好的專業能力及需具備的條件。

一、何謂採購

　　採購是在符合法令與行政規定範圍，於正確的時間以合理的價格，獲得恰當數量與質量的產品或服務的行為（圖 8-1）。並且對於物資的時、地、種類作妥善的安排，使各單位在使用後可以獲得最大經濟利益。因此，採購部門是旅館的利潤中心，用以創造獲利。

二、採購人員須具備的條件

　　採購工作要做得好，其人員必須要有正確的服務理念：「不貪圖利益、不被人利用、不做違法事」。也必須善盡職責維護企業的利益、對待供應商 (Supplier) 客觀及公正，考慮購買的物品與服務的種類、型態、以及需求的頻率。

圖 8-1　廣泛的「採購」是指商業組織為實現商業目標，試圖在正確的時間以合理的價格，購買有品質和一定數量的產品或服務的行為。

141
第8章 採購管理

基礎概念篇

旅客服務篇

經營管理篇

行銷活動篇

採購策略 (Strategic Purchase)、預測需求量、預測市場趨勢 (Market Swing, Market Trends)、以及運用分析工作，在合適的時間取得合理價格的品質及數量，並與使用部門之間達到高度合作的協調關係，都是工作重點，並且應留意供應商、時間、價格、品質、以及數量的正確度（圖8-2）。

三、採購主管的專業能力

旅館採購主管必須是「才能」與「品德」兼備，「知識」與「經驗」共存，也應包含專業、態度、領導風格、敬業精神，並不斷的充實自己，才能提升專業程度。

同時必須擁有人際關係處理能力，具遠見、能預測並了解旅館及顧客的需求，把握各工作環節，在配合公司合理的價格策略情況下，於最短時間內以高質量的品質完成採購工作，做個成功的談判者。且為旅館理事、管人、用錢、取物等制定程序，以上都是旅館採購主管必須費心的。

1. 理事：擬定採購方針與目標、編制年度採購計劃與預算、建立及調整改善採購流程、管理控制採購部門工作負荷及績效、及時提供有效的市場訊息。

2. 管人：推動企業發展計劃、招聘培訓及人員的晉升調遷、生涯發展方案等。

3. 用錢：審核訂購單與採購合約、稽核採購作業發包驗收付款流程、分析採購成本、估算企業產品成本及競爭力分析、審核採購案件與供應商的付款及運送條件、呆料轉售處理及交貨延誤損失索賠管理。

4. 取物：採購進度跟催管理、市場供應資訊的搜集與掌握、進貨不良品質督導改善、供應商供貨能力的掌握、緊急物料採購管道的建立、替代品資訊的掌握與開發。

客房補給站

採購人員操守

旅館經營的成敗因素，除了服務、設備、餐食、安全、住宿、氛圍等因素外，當然還有食物及採購成本，所以經營旅館也非常重視採購人員的操守，因為對供應商的議價能力，往往會影響盈收與獲利，所以一般旅館經營理念會包含採購人員的輪調，甚至包括驗收人員的操守。尤其大型旅館進貨及倉儲管理更會影響經營成敗，因為金額龐大，不可等閒視之。

動動腦

請說明採購人員須遵守哪些職業操守？

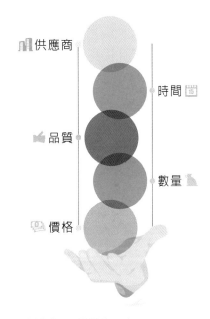

圖 8-2 採購的元素。

8-2 ● 採購部編制與功能

　　採購人員的編制依企業的經營規模及業務範圍而有所不同，旅館的採購人員編制以 3 ～ 5 名較為普遍，較大的旅館，人員編制以其 2 倍人力為限，無論採購人員的編制多寡，其職務功能均大同小異，另外，採購人員能力的優劣，也影響旅館的採購能力，並反應在經營的競爭能力。採購部門相關人員的職務包括：採購經理、採購代表等（圖 8-3）。

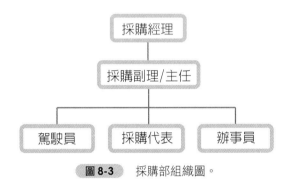

圖 8-3　採購部組織圖。

一、採購部的功能

　　採購部門除了要掌理各部門物品、勞務、設備的採購工作，也要定期作市場調查 (Market Research)，以及了解產地、產季、品質及價格等狀況，以利制定適當的採購策略（圖 8-4）。

　　採購人員必須掌握採購物品之專業知識，並藉由溝通來了解公司需求，與供應商洽談，因此反應靈敏及擁有良好的溝通技巧是採購人員不可或缺的。另外，除了主動、獨立及良好的品德外，採購過程經常需要簽約，故略懂法律也是選擇採購人員的條件之一。

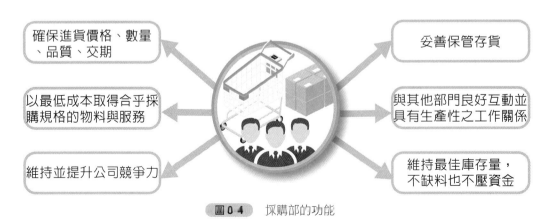

圖 8-4　採購部的功能

143

第 8 章 採購管理

基礎概念篇

旅客服務篇

經營管理篇

行銷活動篇

二、採購部管理規則

採購是旅館經營成敗的關鍵，可節省旅館成本並提高效益，因此不管是倉儲或是物品的運補，每一個環節都關係著採購部門的運作。

（一）貨源選擇

以旅館所需的採購項目為主，以工作區分可分成以下 3 類：

1. 原料組：餐廳食物、生鮮、乾貨等。
2. 物料組：布巾、備品、文具、餐具等（圖 8-5）。
3. 設備組：桌椅、烹調設備、電腦設備等。

圖 8-5 飯店的備品應定期檢查，並視需要進行更換。常見的備品包括床單、毛巾、浴室用品等，定期更換可以確保客房的清潔與品質，提升客人入住體驗，並符合衛生標準。

（二）採購

採購負責業務包括採購、驗收、退貨處理、供應商管理及記錄物品配送倉庫管理等事項。設置經〈副〉理一人，綜理部門一切事務，其主要工作概分如下：

1. 擬訂部門的工作目標及執行計畫。
2. 督促所屬部門人員擬訂各項工作計畫及執行政策。
3. 擬訂及修正採購部門組織系統、決定人員配置及任用資格。
4. 決定部門內部權責及分工。
5. 決定部門內人才雇用、考核、晉升調薪等政策。
6. 督導指揮及支援部門完成工作目標。
7. 估算部門工作成效，檢討及改善作業流程。

8. 採購物品、供應商選擇，應盡量搜集資訊，並加以檢討評估與執行。

9. 優良供應廠商的開發、選擇。

10. 加強採購業務效率化、管理能力的強化。

11. 所屬人員在職訓練，工作規則督導考核。

12. 臨時交辦事項辦理。

（三）倉儲

　　倉儲處設處長〈副處長〉一人，主要工作概分如下：

1. 擬定物品運補計畫。

2. 協助處理部門內的工作項目。

3. 配合營業單位調整運送方式及時間。

4. 擬定倉庫管理計畫，包括物品分類、驗收、存放。

（四）中央倉儲

　　中央倉儲設課長、副課長一人、管理員、職員數名，掌理事務概分如下：

1. 商品、原物料進出存、驗收及管理。

2. 分析物品領用量差異原因後，追蹤及改善對策的擬定與實施。

3. 負責退貨、滯料與舊品處理事宜。

4. 安全庫存量預算及需求計畫呈報及執行。

5. 倉儲管理及安全存量的掌控。

6. 驗收單據轉呈會驗後呈核。

7. 報表登錄及列印。

8. 臨時交辦事項的處理。

（五）物品運補

　　物品運補設課長〈副課長〉、管理員、職員數人，掌理以下事務：

1. 每天運補車輛檢點、清潔保養。

2. 營業點物品的補給及單據的會簽。

3. 貨品於貨運送達中央倉儲後，運補轉送各營業點。

4. 物品進出存量的登載及報表呈送。

5. 臨時交辦事項的辦理。

145

第 8 章 採購管理

基礎概念篇

旅客服務篇

經營管理篇

行銷活動篇

8-3 ● 採購作業程序

採購的流程依各公司狀況不同，可調整流程的內容，以下流程及內涵供參考之：

方針
依市場規模及經營目標售價
決定購料的價格及產品品質

菜單
擬定滿足顧客需求之
適合的產品

預測
擬定採購的數量

請購
明白的擬定各單位的請購單

採購
選擇供應商、確保貨源、品質，
簽訂採購契約維持不斷貨

驗收
數量與品質的檢驗

儲存
正確的儲存、先進先出、
安全庫存的控制

生產
依據進料，進行生產製造

銷售
提供好的產品、
合理價格及成本

控制
對上述各相關單位業績評估，
並將有關情報回饋管理部門

一、作業程序

請購採購驗收單經單位主管查核並送經有權人核章後，方得送採購部門辦理採購手續。採購部門採購物料，應視物料的性質、金額大小，是否常用及市場競爭情況等因素，決定以訪價、議價、比價、合約採購、招標、時價等方式。

二、控制重點

採購人員須充分掌握季節性的變動，除了能為旅館找到良好品質的物料，並可能節省成本為旅館帶來盈利，故採購控制是每個採購人員須熟知的重點，採購週期也須考慮鮮度、耗用量、供貨期間及庫存空間，主要控制重點如下：

1. 詢價 (Enquiries) 資料平日收集應注意詳實、完備、保持時效。
2. 請購單是否確實經請購流程中各主管核准。
3. 無採購紀錄且請購部門表示不須指定廠牌者，若廠商間的報價差異太大，除相同廠牌，否則須徵詢請購部門意見。
4. 每件料品的詢價對象應至少三家〈訂有合約的料品除外〉。
5. 常備物品則在合約期限終止前，可先詢價。
6. 初次採購物品的詢價對象，以現有供應廠商為優先考慮。
7. 為便於管理，應建立可完全配合供應的協力廠商。

8-4 ● 採購的策略

旅館的銷售成本大部分在於購買材料和服務的費用，故改進採購行為所實現的節省可提高盈利能力。以有力的採購策略來提高效率是必要的一環。

一、採購成本控制

成本控制是旅館根據預先建立的成本管理目標，由成本控制過程中，對各種影響成本的因素採取預防和調整，以保證成本管理目標實現。從採購中進行成本控制的方法又分為聯合採購、集中採購、第三方採購等。

（一）聯合採購

以跨組織加入採購聯盟，在原材料採購上聯合起來，可以降低成本，也可減少風險的方法。因以多組織聯合採購（Consortium Purchasing，圖 8-6），可集小訂單成大訂單，增強集體的談判實力，也可擺脫代理商轉手時收取回扣成本。

147

第 8 章 採購管理

基礎概念篇

旅客服務篇

經營管理篇

行銷活動篇

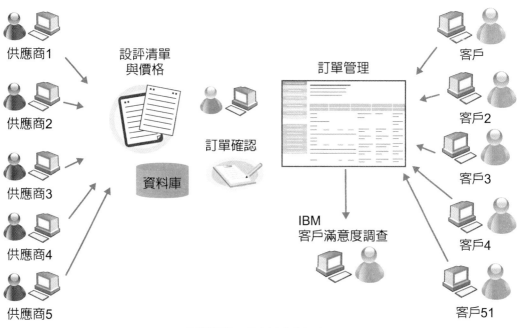

圖 8-6 聯合採購的概念。

（二）集中採購

　　為了降低分散採購的選擇風險和時間成本，以集中定價、分開採購；集中訂貨、分開收貨付款；集中訂貨、分開收貨、集中付款；集中採購（Centralized Procurement，圖 8-7）後調撥等的運作模式進行採購。

　　其優點是有集中的數量優勢、避免複製、更低的運輸成本、減少企業內部各部門及單位的競爭和衝突、形成供應基地。

　　缺點是容易受外來因素的干擾，如政府有關部門人員、公司上級的引薦。或內部人員推薦不同的單位，初選和評標時往往議而不決，反而使效率變低。

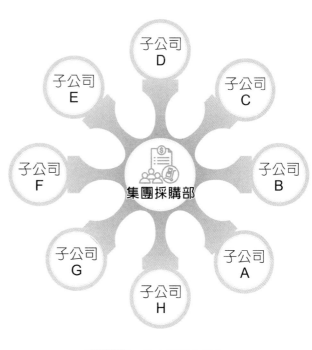

圖 8-7 集中採購的概念。

（三）第三方採購

　　第三方採購（Third Party Purchase, TPP，圖 8-8）是企業將產品或服務採購外包給第三方公司，第三方採購往往可以提供更多的價值和購買經驗，幫助企業更專注核心競爭力。

圖 8-8　第三方採購流程。

二、採購的潛規則

　　除了相關部門合作無間，有效提升採購的質量與效率外，老採購們亦有它們的工作潛規則，其說明如下：

1. 採購部門必須要得到公平及有效的控制，不可一人承擔多人分量，也不能由高層領導，甚至是老闆自己去擔任。

2. 採購主管的工作應放在監督指導上，要帶好採購團隊，清楚管理者的本位，培養採購人員成為一個心細眼明的人，所做的每件事都在尊重管理者的意見同時，兼顧讓採購人員在人際關係的處理上能夠順暢融洽，如此才能確保工作順利。

3. 供應商是要花時間和精力培養的，由於產品結構變動，萬一老供應商的更新跟不上旅館的需求，要有足夠的替換商家可保障在倉促之中有因應的對策。

4. 公平且透明化的對待供應商。

5. 各個部門合作無間，有效地提高採購的質量和效率。

149

第8章 採購管理

基礎概念篇

旅客服務篇

經營管理篇

行銷活動篇

三、採購管理

選擇綜合性供應商，透過對方的龐大採購力量取得折扣；減少採購成本的當地採購，及良好的交易信譽等都是採購管理的重要細節，以下說明採購管理的四個環節（圖 8-9）：

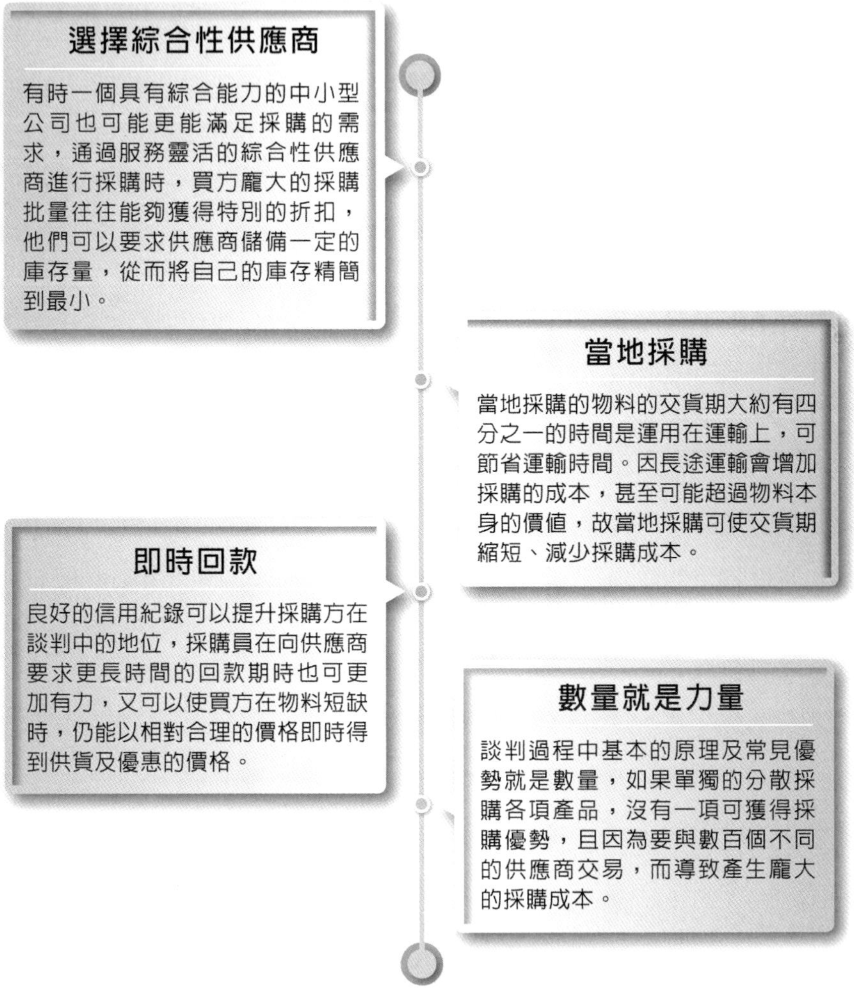

選擇綜合性供應商

有時一個具有綜合能力的中小型公司也可能更能滿足採購的需求，通過服務靈活的綜合性供應商進行採購時，買方龐大的採購批量往往能夠獲得特別的折扣，他們可以要求供應商儲備一定的庫存量，從而將自己的庫存精簡到最小。

當地採購

當地採購的物料的交貨期大約有四分之一的時間是運用在運輸上，可節省運輸時間。因長途運輸會增加採購的成本，甚至可能超過物料本身的價值，故當地採購可使交貨期縮短、減少採購成本。

即時回款

良好的信用紀錄可以提升採購方在談判中的地位，採購員在向供應商要求更長時間的回款期時也可更加有力，又可以使買方在物料短缺時，仍能以相對合理的價格即時得到供貨及優惠的價格。

數量就是力量

談判過程中基本的原理及常見優勢就是數量，如果單獨的分散採購各項產品，沒有一項可獲得採購優勢，且因為要與數百個不同的供應商交易，而導致產生龐大的採購成本。

圖 8-9 當地採購、選擇綜合性供應商、即時回款、數量就是力量等，都是採購管理相當重要的一環。

四、採購的談判技巧

採購談判技巧，不在於採購人員為了搏取我方的權益而損害它方利益，而是能在顧及雙方的立場下，取得最佳平衡，使得雙贏，以下就採購技巧說明之。

1. 知己知彼，百戰百勝：採購人員必須了解商品的知識、供需情況、企業情況，

清楚談判目標，在談判時隨時參考，提醒自己，以達知己知彼，百戰百勝。

2. 與有權決定的人談判，且盡量約在公司內：採購人員最好先了解對方的權限，盡量避免與無權決定事務的人談判，以免消磨自己的能量，且應盡量約在公司內談判，除了有心理上的優勢外，還可以隨時得到其他同事、部門或主管的必要支持，節省時間和旅費的開支，提高採購員自己的時間利用率和工作效率。

3. 對等原則：要留意我方的人數與級別與對方大致相同，如果對方想進行集體談判，千萬不要單槍匹馬應付，可先拒絕再行研究對策。

4. 不過度表露：不過度表露內心的看法，不論遇到多麼心儀的商品或好價格，在交易開始前，都不要表露自己的態度，先讓供應商得到一個費九牛二虎之力，終於獲取了你一點寶貴意見的印象；但也不要忘記，在談判的每一分鐘，都要一直持懷疑態度，並讓對方覺得有合作的機會，讓供應商感覺在自己的心中可有可無，這樣比較容易獲得有利的交易條件。另外，對供應商第一次提出的條件，有禮貌地拒絕或持以反對意見。

5. 善於諮詢，必要時轉移話題：詢問及徵求要比論斷及攻擊更有效，多詢問就可獲得更多的市場訊息，若造成關係緊張可先轉移話題、緩和氣氛，再尋找新的切入點或合適的談判時機。

6. 傾聽，並以肯定的語氣交談：採購人員應盡量肯定供應商業務人員，同時盡量成為一個好的傾聽者，善於傾聽再從其言談舉止之中了解對方，以利雙方都能獲得預期的利益。

第 **9** 章　財務管理

　　近年來餐飲、旅館服務業已成為臺灣的重要產業，在政府及民間的推廣與行銷下，觀光人數提升旅館的住房率外，其旅遊期間的飲食與消費等，更帶動餐飲相關服務業的發展。在全球化的世界，餐飲、旅館服務業除了經營本土市場外，同時也必須向海外拓展，在競爭過程中，多數決策須採用正確的財務資訊，而企業的經營成果與股東價值更須經適當的衡量。

　　學習目標：

- 了解旅館的固定資產及流動資產。
- 學習旅館的成本與控制策略。
- 認識財管人員的職責。
- 分辨財務報表的類別。

企業財務危機

　　根據資誠聯合會計師事務所發布的《全球危機調查報告》，全球企業最常見的五個危機，分別是財務流動性 (23%)、技術挫敗 (23%)、營運失誤 (20%)、競爭激烈 (19%)、法遵危機 (16%)。調查發現，過去 5 年內，員工規模超過 5000 人大型企業，平均一年一次的危機，而這些大型企業，可能面臨網路犯罪 (26%)、天然災害 (22%) 或領導者的不當行為 (17%)，以及道德不當行為 (16%)，包括詐欺、貪汙和瀆職。有 95% 的受訪企業高階主管，預期未來至少會經歷一次危機。受訪企業最擔心會發生的三個危機，是網路犯罪 (38%)、競爭激烈 / 市場失序 (37%) 和財務流動性危機 (28%)。

動動腦

　　請說明旅館的財務預算面向有哪些？

9-1 ● 旅館財務

　　旅館財務管理是以盈利為主要目的，而財務結構為旅館長期安定性的指標，因此財務工作內容的掌握及報表的輔助極其重要。

一、財務工作內容

　　財務部在旅館經營中扮演極重要的角色，其任務包括收集、記錄、分類、總括、分析貨幣交易，以及由此得出的結果和結論，並提供管理者財務資料，作為進行經營決策的參考。

　　財務部在旅館的經營中也有著財務和計畫管理、財務核算管理、資金管理、外匯管理、固定資產管理、家具用具設備管理、物料用品管理、費用管理、成本管理、利潤管理、合同管理和商品、原料和物料的採購管理、倉庫物資管理等的重要作用，這些面向在財務部的有效管理下，才能使旅館經營活動獲得最大的經濟效益，進而促進企業不斷向前發展（圖 9-1）。

圖 9-1 旅館的財務收集、記錄、分類、總括、分析貨幣交易，整個財務部都有計畫的管理，才能使旅館經營活動獲得最大效益。

153

第 9 章　財務管理

基礎概念篇

旅客服務篇

經營管理篇

行銷活動篇

二、財務報表的要素

　　資產、負債、權益、收益是資產負債權益收益費損表（資產負債表，Balance Sheet）的基本要素，為提供對於多數使用者作成對經濟決策有用的關於旅館財務狀況、財務績效及現金流量之資訊的報表。

1. **資產** (Assets)：資產是指如現金、銀行存款、應收帳款、存貨、土地、房屋及建築、商譽、專利權等，企業所控制資源具有未來經濟效益或帶來現金流入，並能以貨幣衡量的經濟資源。

2. **負債** (Liabilities)：是指旅館對外所欠的債務，並將以資產或提供勞務償還的現時義務，如銀行借款、應付帳款、預收收益、當期所得稅負債等。

3. **權益** (Equity)：是指旅館的全部資產減去全部負債後的餘額，表示業主對旅館資產的剩餘請求權，如股本、資本公積及保留盈餘等項目。又稱為淨值 (Net Worth)、淨資產 (Net Assets)。

4. **收益** (Revenues and Gains)：是指在營運中，因提供客房住宿、出售商品、提供勞務、外幣兌換利益等，所產生的各種收入，或非因經常營業活動所產生的利益。

三、財務報表層級

　　從財務報表的要素中，可再依實際需要按層級畫分為五個級別，其順序分為**「類別」**、**「性質別」**、**「科目別」**、**「子目別」**及**「細目別」**（圖9-2）。一般財物報表會依實際需要，再加上適當的層級劃分，以提高財務報表的使用價值。

1. 類別：為第一級，類別有資產、負債、業主權益、收益、費損等五大類別。

2. 性質別：為第二級，每一大類下將性質相同者分類彙集，如資產下依性質分為流動資產、固定資產、其他資產等。

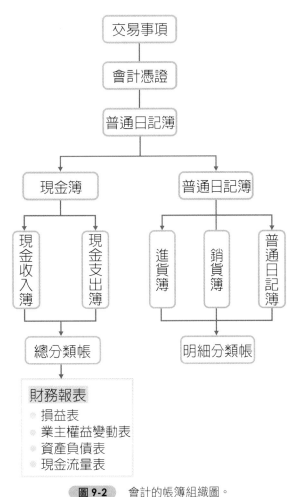

圖 9-2　會計的帳簿組織圖。

3. 科目別：為第三級，如流動資產下分為現金、銀行存款、應收票據、應收帳款等。

4. 子目別：為第四級，如銀行存款下再分第一銀行存款、土地銀行存款等。

5. 細目別：為第五級，如第一銀行存款下再分為活期存款、支票存款、定期存款等。

9-2 ● 旅館的資產

旅館的資產分為流動、固定與無形資產，任何有形或無形的資產，都可以擁有或控制，進而以產生積極的經濟價值。

一、流動資產與固定資產

流動資產管理是旅館經營活動的必備條件，其數額大小及構成情況，反映了旅館的支付能力和短期償債能力，通常是指預計在正常營業周期內，或一個會計年度內變現、出售或耗用的資產和現金等價物，如庫存現金、銀行存款、交易性金融資產、應收及預付款、存貨等。

固定資產管理內容包括固定資產折舊、更新管理和投資決策，是指使用期限較長，單位價值較高，在使用過程中保持原有實物形態的資產，主要包括房屋建築、機器設備等（表 9-1）。

表 9-1　旅館的流動資產與固定資產

資產別	內容
流動資產	現金、銀行存款、存貨、短期借款、預付費用、應付票據、應付帳款、應付費用、預收款項（禮券、訂金）、其他應收款、其他應付款。
固定資產	土地、房屋及建築、設備、工程、累計折舊、未完工程、預付設備款、營業器具。

二、無形資產

無形資產 (Intangible Assets) 包括專利權、商標專用權、土地使用權、商譽等，是指旅館企業長期使用的，不具備實物形態，以某種法定特殊權利或優先權利可以使旅館企業獲得收益的資產，是旅館巨大財富的來源之一。

（一）商標專用權

「商標專用權」是使用人依法註冊後，對所使用的商標享有專用，並禁止他人

155

第9章 財務管理

基礎概念篇

旅客服務篇

經營管理篇

行銷活動篇

侵害的權利，包括商標註冊人對其註冊商標的排他使用權、收益權、處分權、續展權和禁止他人侵害的權利。商標權是一種無形資產，具有經濟價值，可以用於抵債，即依法轉讓。

（二）專利權

是指政府有關部門授予發明人在一定期限內生產、銷售，或以其他方式使用發明的排他權利。專利分為發明、實用新型和外觀設計三種，為一種無形財產，有其專有性、地域性、時間性。

三、成本費用

成本費用是指旅館在一定時期的經營過程中，為客人提供服務所發生的費用，其中又分為營業成本 (Cost of Goods Sold)、期間費用、財務費用（圖 9-3）：

全體員工都應重視成本管理，養成節約習慣，也要把握在降低成本時，能以不影響產品和服務質量下為前提。

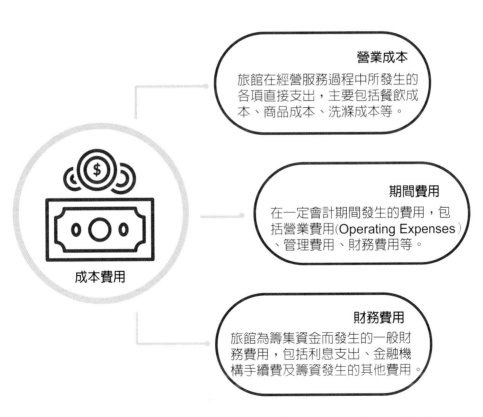

營業成本
旅館在經營服務過程中所發生的各項直接支出，主要包括餐飲成本、商品成本、洗滌成本等。

期間費用
在一定會計期間發生的費用，包括營業費用(Operating Expenses)、管理費用、財務費用等。

成本費用

財務費用
旅館為籌集資金而發生的一般財務費用，包括利息支出、金融機構手續費及籌資發生的其他費用。

圖 9-3　成本費用中，又可細分為營業成本、期間費用、財務費用。

四、營業收入與利潤

　　旅館營業收入管理主要是指在生產經營活動中，銷售產品、提供服務等取得的收入，收入來源主要可分為三種：

1. 客房收入

2. 餐飲收入

3. 其他附屬營業收入。

　　其他附屬營業收入在規模龐大的旅館較常見，主要因應旅客需求與便利而設立，如：健身房、美髮按摩、紀念品店、外幣兌換、洗衣送洗、停車場等。旅館的利潤是在一定時期內實現的財務成果，也是營業收入減去營業成本和費用，內容包括營業利潤、投資淨收益和營業外收支淨額。

　　要如何有效提高旅館的營業收入呢？可透過提高產品和服務質量，並制定合理的價格以擴大銷售，增加收入（圖9-4），另外還可透過加強成本管理，合理運用資金，加速資金周轉，降低資金成本，提高淨資產收益率等方式來增加利潤。

圖 9-4　在旅館的經營活動中，合理訂價不但能增加收入效益，也可讓經營與消費者達到雙贏局面。

動動腦

　　親子樂園工程屬於何種收入來源？

林稚菱入住大飯店

　　林稚菱因公事入住大飯店，自行開車前往。飯店座落在寬廣的郊區，途中經過一片屬於飯店所有的翠綠地帶，美不勝收。抵達後，她先停車再搭電梯進入飯店。內部裝潢豪華，精心挑選的燈飾、桌椅和地毯展現出飯店的用心。辦理入住手續時，她原計畫用現金支付，但想起前陣子購買的住宿優惠券，最終以禮券支付。由於途中未進食，入住後選擇前往餐廳用餐，享受戶外風景。餐廳氛圍宜人，並發現飯店正在興建的親子樂園，心中讚嘆其豐富設施。用餐結束，以現金支付費用後，帶著公事包進入預訂的房間。

157

第
9
章
財務管理

基礎概念篇

旅客服務篇

經營管理篇

行銷活動篇

五、財務分析

財務分析包括營運能力、償債能力、盈利能力等分析（圖9-5），是企業利用相關的財務報表，以及有關財務資料，對旅館企業的財務狀況及經營成果進行比較、分析，從而揭示與評價旅館企業經營管理過程中利弊得失的一種財務管理(Financial Management) 活動。

1. 營運能力：透過營運能力分析，可了解旅館經營狀況和管理水平，藉以強化經營管理，並達到合理利用資金，改善財務狀況。
   內容為資金周轉的速度快慢及有效性。

2. 償債能力：透過償債能力分析，可了解旅館對債務資金的利用程度，並為旅館制定籌資計畫提供依據。內容有企業償還各種到期債務的能力，它也是判斷旅館企業財務狀況穩定與否的重要標準，償債能力分析同時為債權人進行債務投資決策提供了重要依據。

3. 盈利能力：透過盈利能力分析可將資產、負債、所有者權益、營業收入、成本費用、利潤分析等結合，從不同角度判斷企業的盈利能力。內容包括旅館獲取利潤的能力，它是投資者、經營者和債權人共同關注的問題，其指標包括營業利潤率、成本費用利用率、資本金利潤率等。

圖 9-5 財務分析三力。

9-3 旅館成本控制策略

旅館可根據預先建立的成本管理目標，在其職權範圍內，於生產耗費發生前和成本控制的過程當中，對各種影響成本的因素和條件，採取的一系列預防和調節措施，用以保證成本管理目標的實現。

一、旅館的成本

旅館的成本控制 (Cost Control) 主要分為人工成本、物質消耗成本、能源消耗成本等 3 項（圖9-6）。

1. 人工成本：指可由旅館經營階層自主控制的最大成本，是人力資源優化配置和有效利用的問題，也是旅館經營自主控制範圍最大的一部分。它是旅館在生產經營和提供勞務活動中所發生的各項人工費用的總合。

2. 物質消耗成本：指對旅館某一時期主要產品原材料及燃料的出庫，與同期產品入庫單進行查核計算出單位產品的物耗。目前主要受到缺乏科學的完善成本控制系、未有標準化的考核指標、缺少分析、先進的設備和技術，制度執行不力，採購及成本控制的影響。

圖 9-6 在這張圖裡，你能找出人力、物質消耗，以及能源消耗成本分別是哪些嗎？

3. 能源消耗成本：指能夠提供某種形式能量的物質，或是物質的運動，具廣泛性和一次性的一切活動，且能源一經使用，原來的實體即行消失，不能反覆使用。如旅館的空調、照明、電梯、廣播電器等能源消耗。

二、降低成本的策略

旅館的成本控制是為了實現當期預算，但仍須保證服務質量，達到成本預算的標準，才是降低成本的首要。首先應建立員工的危機意識，讓每一位員工擁有成本核算的概念，才能持久的維持成本控制，積極的激勵作用使得員工皆有相同的成本概念，以達降低成本目標（圖 9-7）。

　　低成本策略是價格策略的後盾和基礎，誰的成本低，競爭資本與競爭優勢就大，競爭持久力也愈大，故旅館競爭的重要關鍵之一就是成本，這也是與經營者切身相關的一項課題，茲列舉可有效降低旅館經營成本之方式如下：

（一）人力成本

1. 旺季時可聘僱工讀生、實習生支援，可減輕正職人員工作負擔。
2. 幹部兼任職務，節省人力。
3. 淡季時可採用自助 check in 機台，以節省人事費用。

（二）能源節約

1. 客房安裝省電裝置。
2. 採用分離式冷氣設備。
3. 夜間電梯只保留 1 ～ 2 台使用。

（三）廣告費用

1. 與其他相關行業合作，共同刊登廣告，以降低費用。
2. 透過網路行銷，與第三方網路平台合作，如：Agoda、Booking、Trip.com 等。

（四）採購成本

在眾多供應商之間確認最低價格，以及配合良好之供應商，以降低成本與精確掌握庫存量。

2018年
旅館餐飲在經營上遭遇的難題

1　同業間競爭激烈

2　食材成本波動大

3　營業成本上升

4　人事成本過高

5　人員流動率高

圖 9-7　旅館的餐飲市場競爭激烈，遭遇的難題中有三項為成本問題，故如何控管成本顯得格外的重要。在萬物齊漲的年代，成本控管得好，利潤才不會被吃掉。

客房補給站

旅館成本控制

旅館經營已是非常成熟的行業，有關成本的掌握已累積許多豐富經驗，例如每位員工的產值多寡，人力成本不能超出多少比例，房務清潔人員每天必須負責多少間客房的清掃才合理；依其旅館的規模來決定旅館是自營、委託經營，或加入國際型旅館代為管理等，這些都會影響到權利金的多寡，另外從人事費用、折舊費用、水電費用、公關費用、廣告費用等比例，可以了解經營現況。收入的成長與否，會依費用來源比例，實際營收及費用去探討，很容易能理解出管理營運成本的奧妙。

動動腦

請說明成本控制的主要原則。

159

第 9 章　財務管理

基礎概念篇

旅客服務篇

經營管理篇

行銷活動篇

9-4 ● 財務管理人員的培養與策略

　　目前對於旅館的財務人員培養，應針對旅館發展的形式，以優化財務管理專業的目的培養人才，使人才培養和旅館業財務發展的新趨勢契合。

一、財務人員的職務內容（圖 9-8）

1. 負責旅館預算管理、資金管理、稅務籌劃、內部審計和統計、會計核算和結算支付，以及建立與完善旅館籌備及營運的財務管理體系。

2. 負責組織編制旅館的經營財務計畫，資產重置計畫，固定資產進行大整修計畫，並對各項計畫的落實執行情況進行檢查、分析。

3. 負責管理各項成本控制和核算工作。

4. 定期的財產、物資、物品的清查盤點工作。

5. 進行業務培訓和工作指導，加強風險防範意識。

6. 為旅館盈利提供理性的決策依據。

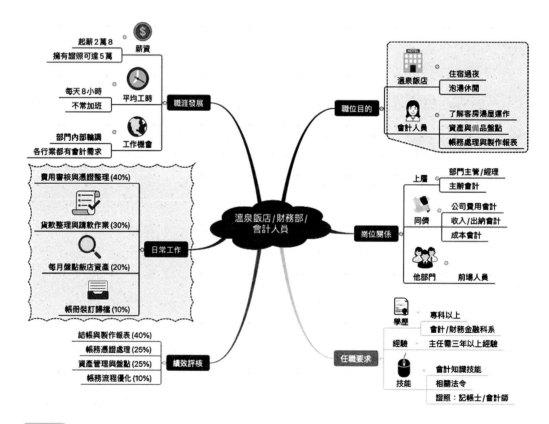

圖 9-8　以溫泉飯店為例，說明飯店財務部會計人員的工作內容（資料來源：職場維基）。

二、財務管理人員培養

除相關會計經驗，若能有星級旅館財務管理工作經驗更佳，能敬業勤勉、為人正直，具有良好的職業道德修養，精通財務法規、稅務法規，並有分析和獨立工作能力，具有時間管理能力和團隊合作精神。

其課程要著重旅館服務行業帳務管理方面，另一方面要加強財經領域通識課程的教育。而特色類旅館院校可以嘗試不同的服務行業更加細化的財務管理課程教學，進一步強化自身的辦學特色。

另外，案例教學是從旅館實務中，總結出大量的材料，經過研究，形成可以加深學生理解的，給學生以實際感受的教學方法，進而培養學生分析實際問題的能力，鞏固學生所學的理論知識。

財務管理課程的培養目的是實用性人才，故財務管理也是一門應用性非常強的學科，必須要對學生的實踐技能教學輔以針對性的就業實戰培訓，也可強化學校與企業間的合作，讓學生到旅館進行實習，結合知識和現實，進而提升學生的能力。

三、財務管理的對策

旅館的財務管理除了要強化財務管理制度，也應全面性進行成本核算，而學習新的財務管理方法，使制度有效的存在，都是財務管理應該思考的面向。

（一）全面性進行成本核算

現代旅館業已經逐步將供應和採購等成本核算納入旅館財務管理中，實施了全方位的成本核算。財務部門直接管理倉庫和採購部門，可達到降低經營成本，便於了解市場行情，防止物資和資金的積壓，這些對旅館的毛利率調整、成本核算等起到決定性的作用。

成本控制制度更加成熟和細緻，就連旅館的每道菜都有一個標準的成本核算單，其原料、配料、單價都必須認真登記在冊，成本控制部門要根據這些記錄的資訊和臨時情形進行成本控制和成本核算，有些旅館的財務管理部門一旦發現不正常的成本增加時，有向廚師長提出預警的職責，通過這些制度的設置不斷強化旅館財務管理。

旅館財務管理是旅館經營管理的核心，也是旅館複雜管理體系的一部分，關係到旅館管理的各個環節及部門。

（二）強化旅館財務管理制度

現代旅館服務專案多，計價工作量大，價格差異大，很多旅館基本都走向綜合性經營。另一層面上來看，旅館收入控制的部門眾多，包括廚房、收銀員、酒吧、前檯等單位，而旅館的收費和打折有很多標準，結帳方式呈現多樣化，故須更加注重追求良好的控制效果，重視財務管理的規章制度建設，研究最佳的財務管理措施，因此學習先進的財務管理方法，以及有效地制度建設，都是目前旅館財務部門應該思考的要點。

第 10 章　安全管理

　　旅館是公共場所，多數人們出入的地方，其安全管理牽涉到眾多層面，考驗著旅館管理素養及領導者的能力。當面臨安全考驗或事件危機（Crisis），能否將危機化為轉機、居安思危、未雨綢繆，是否能第一時間以果斷態度面對，其應變能力與競爭能力皆為旅館安全把關的第一要素。本章介紹旅館的安全及危機種類，以及應對步驟。而員工能擁有好的照顧及健康安全的狀態，才能為顧客做最完善的服務，其員工的健康安全管理也是旅館管理的重要一環。

　　學習目標：

- 了解旅館安全管理（Hotel Safety Management）的內容及工作要點。
- 熟悉旅館危機管理（Crisis Management）的步驟。
- 分辨消防安全管理的重要性及平安防火管理。
- 掌握員工健康與安全的重要。

📍 旅館新知

房卡「安全漏洞」，駭客可輕易複製萬能卡入侵你的房間！

位於德國柏林一家高檔旅館，有一位 F-Secure 的研究人員入住，回房後發現他的筆電遭竊，但沒有發現任何遭小偷侵入的痕跡，這起意外事件讓 Tomi Tuominen、Timo Hirvonen 好奇是否有可能在完全不留痕跡的情況下，侵入旅館的電子鎖系統。

在發現漏洞後，芬氏安全（F-Secure）在去年通知亞薩合萊（Assa Abloy），一起修復了這項漏洞，並鼓勵旅館業者安裝修復軟體。Assa Abloy 強調「安全業務的挑戰在於它是一個不斷變化的目標，在某個時間點上安全的事情，在 20 年後就不再安全了」。

（資料來源：REUTERS TECHNOLOGY NEWS APRIL 26, 20181:06 AMUPDATED 6 YEARS AGO）

🔔 動動腦

面對駭客侵入的威脅，飯店應建立怎樣的危機處理？

10-1 ⬤

旅館安全管理與組織職掌

圖 10-1　旅館服務人員應隨時保持警覺，發現問題，立即反映以防範未然，並配合相關單位，迅速、有效防範，避免事故發生，以爭取旅客信賴。

旅館是結合住宿、休閒設備、餐飲、會議為一體的服務場所，投宿的旅客以學生、機關、公司行號、家族及觀光團體為主，旅館本著「以客為尊」服務理念，裝設各類科技系統、安全維護器材，配合保全人員，以提供旅客安心休閒，體驗賓至如歸的享受，藉此吸引更多旅客蒞臨。

故旅館員工在實際工作中，均應以維持場所及人身安全為己任，隨時保持警覺，發現問題立即反映，以防範未然。

平時更應與轄內相關情治單位保持聯繫，掌握當地狀況，若有突發事件，均應立即配合相關單位，避免事故發生，以爭取旅客的信賴（圖 10-1）。

一、旅館安全管理單位的職務及工作內容

旅館是營利事業，如缺乏良好的安全管理，使旅客的生命財產遭受損失，會導致旅客不敢上門消費，如此則無法達成經營目的，故安全管理單位有其重要性，其安全室及警衛組的工作內容分述如下：

（一）安全室

設置主〈副〉主任各 1 人，主要負責全盤警衛任務，承管理部經理的命令，督導指揮所屬各員確實執行安全維護工作。

（二）警衛組

警衛組是 24 小時執勤單位，其臨機應變能力相當重要，職務配置說明如下：

1. 設置組長 1 人，以及副組長 1 ～ 2 人，主要協助主〈副〉主任執行警衛情務工作的派遣，監控系統的使用、操作，消防設備的操作及管理，並監導及負責維護全大樓的安全。

2. 保全員約 9 ～ 10 人，分早、中、晚班 24 小時警衛值勤，每班均有幹部督勤，負責大廳、後門、監控系統及巡邏等任務，確保旅館人事物的安全，並負責防火、防爆、防盜、防破壞及突發事件（酒醉、鬥毆、兇殺、疾病等）的防範與處理。

二、安全管理的工作要點

安全管理的工作要點分為值勤配置、安全管理、預防工作，一般最常被忽略的則是預防工作，如能防範於未然，則能減少很多風險，以下就值勤配置、安全管理、預防工作分項說明之：

（一）值勤配置

在設備方面應多處安裝閉路監視、防盜警鈴系統、火災報知機，分別監視大廳出入要道口及各重要場所，採 24 小時監看錄影。旅館各餐廚及管道間皆須有瓦斯偵漏偵測器的監控與處置，並安裝緊急廣播系統，以利狀況發生時，可即時告知旅客並做適當處置。

執勤單位方面，幹部須最少每日兩次巡檢工作，如發現異常徵候或缺失，則迅速改善以確保旅館安全，並於各巡檢處實施打卡或簽到紀錄，以避免因人為疏失而造成遺憾。隨時與大廳、大門外、大樓周邊值勤員，以及遊樂區保全人員密切協調聯繫，並相互支援，以確保旅客安全（表 10-1）。

表 10-1 職勤配置與勤務內容

執勤人員	職務內容
一樓警衛	1. 對進出旅館的人、事、物等各種可疑徵候的查察與處理。 2. 嚴密注意大廳櫃檯會計處及行李放置處，以防宵小。 3. 管制及取締小販及色情掮客。 4. 不定時查察周遭環境，以防不法。
後門警衛	1. 嚴密門禁管制，訪客詳實登記，換證與掌握。 2. 員工、廠商、攜帶物品的檢查，確保公司資產安全。 3. 員工服裝的檢查，以及上、下班打卡的管制與監視。 4. 大樓周邊動態的監視，以防不法，以及各營業場所打烊後，鑰匙保管與領取管制。
監控室警衛	1. 旅館相關狀況及有關業務聯繫與協調。 2. 各火災報知機、防範受信盤、瓦斯偵漏及監視系統的監控與通報。
巡邏	1. 巡邏中嚴加注意各餐飲場所、客房、各樓梯處、通道、角落的安全檢查。 2. 重要貴賓住宿除定時巡邏外，並加強不定時巡邏的安全與安寧維護。

（二）安全管理注意事項

安全管理的注意事項分為人、事、物等三項，其管理內容如下：

人

1. 探詢旅館業務機密的人。
2. 挑撥是非，言論偏激，言詞閃爍的人。
3. 生活反常，深夜不眠，心態異常，行動詭譎的人。
4. 慶典宴會，在旅客出入時蒙混其中的人。
5. 媒介色情或秘密集會的人。
6. 客房內發出異聲、怪味，並拒絕服務員入室清潔的人。
7. 電話及訪客特別多者。

事

1. 有關違背常情、常理、常態的事。
2. 有違旅館規定的事。
3. 有關非法組織秘密活動、信件、行李、電話夾雜暗號的事。

167

第 10 章　安全管理

基礎概念篇

旅客服務篇

經營管理篇

行銷活動篇

物

1. 攜帶不妥雜誌、書刊或標語、文件或攜出旅館物件者。

2. 攜帶武器、爆裂物、火藥、硝酸、硫酸等破壞性或違禁物品者。

3. 不斷接觸他人接觸的物品。

4. 注意駛入的送貨車輛及輸出物品。

5. 注意機房、鍋爐、電器室、總機室等設施的使用狀況。

（三）安全預防工作

安全預防工作包含預防暴力、竊盜及防火等項目，其內容概分如下：

防暴力

1. 可疑郵包、箱袋、來源神秘，持有人身分不明者應即處理。

2. 尋人廣播嚴禁房號、姓名兩者併呼，以防歹徒利用。

3. 遇有恐嚇電話，意圖訛詐勒索，應即掌握時機與線索立即向上反應。

4. 禁止旅客及員工酗酒滋事、聚眾賭博。

5. 發現附近流氓幫派組織非法活動，有侵擾公司的徵候，應立即向上反應。

6. 對附近地區發生暴力事件，應即反應並協助警方處理。

7. 防止員工在工作時間內聚眾喧嘩，並禁止非經許可的集體行動。

8. 發現員工有私藏武器槍械等殺傷利器者應反應或檢舉。

9. 員工不得窩藏逃犯，不掩護逃亡，不收藏贓物。

10. 大樓內部出入口，各樓間的通道及防護用具，均應隨時檢查整備。

11. 嚴格管制非公司員工或相關人員，接近或進入公務部門或廚房，以防歹徒利用器具作為暴力工具。

12. 遇防空或特殊事故，應指示或引導旅客及員工走向疏散場地。

防竊盜

1. 加強白晝及夜間警衛巡邏，經常注意客房走廊、餐廳大廳、大樓外圍的遊蕩雜人，遇可疑人物立即反應，並立即監視或盤查。

2. 依規定辦理旅客的訪客登記，員工的會客登記，嚴密管制閒雜人等出入。

3. 旅客遷出、遷入的重點時間，均應注意穿梭其中的閒雜人等，尤應防範冒充混進者，登樓做案。

4. 販賣照片及其他藝品的流動小販，均應隨時注意與管制其行動。

5. 在餐廳咖啡廳走動，佯裝找人而不坐定的可疑人物，應即監視以免扒竊客人財物。

6. 竊嫌常利用在大廳沙發休息，窺探出納櫃檯的客人兌現或付費，從而進行扒竊，應予防範。

7. 注意投宿旅客有計畫的向另一房行竊。

8. 防範在電梯內扒竊的行為，故對上下電梯可疑者，應注意其舉止。

9. 餐廳喜慶宴會，小偷扒手藉機活動，應予防範。

10. 置放於倉庫、餐廳、廚房的材料或物品，夜晚均應加鎖保管。

11. 有效運用監控系統，觀察櫃檯、大廳、電梯等複雜地點的人物活動，並錄影存證。

防火

1. 各樓梯通道應經常保持暢通，不得放置物件或任意封閉加鎖或阻塞。

2. 安全室設置火警報知器，經常注意火災訊號及保養工作。

3. 禁止在電梯室、鍋爐、機房、倉庫及接近易燃物的處所吸煙或點火，以免引起火災。

4. 廚房附近設置具有多種性能的乾粉滅火器。

5. 電器火災的撲滅，如電線走火，首先截斷電源，再將火線路割斷撲滅，在電源未切斷前，切勿用水潑救。

6. 電器火災時，可用四氯化碳，乾粉及二氧化碳等滅火器撲滅最有效。

7. 使用液化油器，除注意點火前後狀況外，如發生漏氣時，首先關閉容器開關，熄滅附近一切火頭，再使用乾粉或二氧化碳滅火器撲滅最有效。

169

第 10 章 安全管理

基礎概念篇

旅客服務篇

經營管理篇

行銷活動篇

10-2 旅館的消防安全管理

不論在道德或法律上，旅館對旅客都有一定的安全責任，因此火災或意外發生時，員工除了自保，也要盡量救助受困旅客，故熟悉相關設置及逃生通路是旅館員工的工作職責之一。若萬一真的不幸發生災難，也要熟記**火災救援三步驟**：滅火、報警、逃生（圖 10-2），並知道其**滅火原理**：斷絕可燃物，隔絕助燃物（圖 14-3），才有足夠自救與救人的能力。

01 滅火
關閉電源及開關，不可使用水滅火或打開門窗，因大量氧氣會助長火勢。

02 報警
迅速報警。

03 逃生
切勿搭乘電梯逃生，逃生時為避免吸入太多濃煙，應以大型透明塑膠袋裝滿新空氣，再套住頭部，沿著牆壁採取低姿勢逃生，同時可避免錯過安全門的機會。

圖 10-2 火災救援三步驟

原理 1
斷絕可燃物

原理 2
隔絕助燃物

原理 3
降溫

圖 10-3 滅火三原理

圖 10-4 藉由舉辦消防安全的宣導活動，可提高旅館從業人員的安全意識。

圖 10-5 消防安全疏散指示標誌可在火災發生時，提供有效的逃生指引。

一、消防安全

旅館的消防安全除了應注重安全教育及培訓外，平日應做好防火檢查及安全疏散設施管理。

（一）旅館的消防安全教育及培訓

每年以各種形式舉辦消防安全宣導活動及教育訓練，以提高旅館員工的消防安全意識（圖10-4），並須留意以下事項：

1. 組織員工定期學習消防法規和各項規章制度。
2. 針對各部門特點進行消防安全教育培訓。
3. 對消防設施維護保養和使用人員應進行實地演示和培訓。

（二）防火檢查

落實巡查檢查制度，並須留意以下事項：

1. 職能部門每日對公司進行防火巡查，以及每月一次防火檢查，並複查追蹤改善。
2. 火災隱患，檢查人員應填寫防火檢查記錄，並按照規定，要求有關人員在記錄上簽名。
3. 應即時將檢查情況通知受檢部門，各部門負責人每日檢查情況通知，並應及時更改。若未按規定時間及時改善，依獎懲制度給予處罰。

（三）安全疏散設施管理

安全疏散設施包括安全出口、疏散樓梯、疏散走道、消防電梯、事故廣播、防排煙設施的疏通管理，且平日應留意以下事項：

1. 單位應保持疏散通道及安全出口暢通，嚴禁占用疏散通道，並避免安裝柵欄或障礙物。
2. 應設置並保持防火門、消防安全疏散指示標誌（圖 10-5）、應急照明、機械排煙送風、火災事故廣播等設施處於正常狀態，並定期檢查、測試、維護和保養。

3. 嚴禁在營業或工作期間將安全出口上鎖或關閉、遮擋。

（四）消防控制中心管理制度

消防控制中心管理除了預防措施的落實外，更要留意災害發生時的即時處理，其注意要點如下：

1. 熟悉並掌握各類消防設施的使用性能，以應撲救火災過程準確迅速。

2. 做好消防值班和交接班記錄及事故處理等情況的交接手續。

3. 發現設備故障時，應報告有關部門即時修復。

4. 非工作所需，不得使用消控中心的內線電話，並禁止進入值班室。

5. 發現火災時，迅速依照旅館設立的滅火準則處理，並撥打 119 電話通知消防部門及旅館主管。

（五）平日的防火管理

旅館員工必須參加消防活動及教育訓練，並確實遵守防火安全制度，並須留意以下事項：

1. 熟悉自己崗位的工作環境及設備的操作，並知道疏散方向及通道。

2. 嚴禁在疏散通道上堆放貨物，確保疏散通道的暢通和滅火器材的正常使用。

3. 如發現異色、異聲、異味，須即時報告上級有關單位，並採取相應措施進行處理。

4. 不幸發生火警時，應先保持鎮靜，迅速查明情況向消防中心報告。報告時要講明地點燃燒物質、火勢情況、本人姓名、門牌號，並積極採取措施，利用附近的滅火器，進行初期火災撲救，關閉電源，積極疏散旅館內的顧客，有人受傷，先救人，後救火。

二、防火設施及安全制度

以往的消防工作重點在於災害發生後的救災滅火，但若能作好火災預防工作，便可防止災害，或讓災情得以控制，因此防火設施與安全制度的建立相當重要。

（一）消防設備及電器的維護

消防安全設備及電器的檢查維護項目繁瑣，平日應加強實施及監督，其各項維護要點如下：

1. 消防自動報警系統要定期請消控人員進行測驗，以保證設備的完好狀態。

2. 旅館內的煙感及溫感探測器須每年清潔檢測。

圖 10-6 消防栓應逢月檢查，逢季啟動，以維護旅館的安全。

3. 自動滅火裝置、加壓泵、消防栓（圖 10-6）、噴水系統、手動報警按鈕每月檢查一次。

4. 旅館裡的消防栓、送風機、排煙機、防排煙閥、消防監控系統、事故廣播系統、事故備用電源每季試啟動一次。

5. 乾粉滅火器（圖 10-7）及滅火推車，擺放位置須明顯易取，任何部門及個人，不得隨意挪動。

6. 各種消防管道的維修、停水、消防設施的維修與調試等，都應事先備妥。

7. 水電技工必須結合旅館防火要求，進行各種安裝維修工作，不得違反操作流程。

8. 安裝和維修電器設備，必須由專門水電技工按規定進行施工。

9. 電器設備和線路不准超過負荷使用。

10. 禁止在任何燈頭上使用紙、布或其他可燃材料作燈罩。

11. 高低壓配電室應保持清潔乾燥，要有良好的通風及照明設備，禁止吸煙，在室內動火必須經安全部批准，嚴格執行旅館的《動火管理規定》。

12. 使用電熱器具，所有導線必須符合規定要求，絕緣要良好，並有合格的保險控制。必須設在可靠的不燃基座上，使用時要有專人看管，用完斷電。

（二）旅館的消防培訓

旅館消防培訓有以下三項，其宣導及落實工作有賴部門間的配合。

1. 職責單位應指定專人負責旅館的消防安全知識的宣傳和培訓工作。

圖 10-7 乾粉滅火器應擺在旅館明顯易取處，非必要時，任何人皆不可隨意使用或挪動。

2. 充分利用壁報、圖片等媒體，報導近期內的防火安全工作情況，推廣普及各種消防知識，從而達到具有強烈的消防意識，以提高消防素質的目的。

3. 各部門都要積極組織員工參加各種消防學習和演練活動。消防中心舉辦的一切宣傳活動，各部門都應當提供便利條件使其運作。

173

第
10
章

安全管理

基礎概念篇

旅客服務篇

經營管理篇

行銷活動篇

（三）預防與管理事項

旅館在預防及管理上，應留意建材與電器的使用。

1. 使用**防火建材**（表10-2），常見防火建材可分為不燃材料、耐火板、耐燃材料等，以下就其特性說明之：

   (1) **不燃材料**（耐燃一級材料，見圖10-8）：**混凝土、磚或空心磚、瓦、石料、人造石、石棉製品、鋼鐵、鋁、玻璃、玻璃纖維、礦棉、陶磁品、砂漿、石灰及其他類似的材料等**，此類材料在火災初期時（閃燃發生前），不易發生燃燒現象，亦不易產生有害的濃煙及氣體，其單位面積的發煙係數低於30，同時在高溫火害下，不會具有不良現象，如變形，熔化、龜裂等。

   (2) **耐火板**（耐燃二級材料，見圖10-9）：**木絲水泥板、難燃石膏板及其他類似的材料**，在火災初期（閃燃發生前）時，僅會發生極少燃燒現象，其燃燒速度極慢，單位面積的發煙係數低於60，同時在高溫火害下，不會具有不良現象，如變形，熔化、龜裂等。

   (3) **耐燃材料**（耐燃三級材料，見圖10-10）：**耐燃合板、耐燃纖維板、耐燃塑膠板、石膏板及其他類似的材料**，在火災初期（閃燃發生前）時，僅會發生微量燃燒現象，其燃燒速度緩慢，其單位面積的發煙係數低於120，同時在高溫火害下，不會具有不良現象，如變形，熔化、龜裂等。

表 10-2 耐燃等級判定基準

耐燃材料級別	不燃材料 （耐燃一級材料）	耐火板 （耐燃二級材料）	耐燃材料 （耐燃三級材料）
加熱時間	10 分鐘	10 分鐘	6 分鐘
爐內溫度	750±101℃	750±101℃	750±101℃
發煙量	30 以下	60 以下	120 以下
舉例	 圖 10-8　混凝土磚。	 圖 10-9　木絲水泥板。	 圖 10-10　石膏板。
餘燄時間	試體的火燄在加熱結束後 30 秒熄滅		
龜裂寬度	試體背面的裂隙寬度未超過板厚的 1/10		

圖 10-11 勿共用插座。

圖 10-12 勿在電線上釘釘子。

圖 10-13 勿在地毯下方放電線。

2. 注意電器器具的使用

(1) 耗電量較大的電器，如冷暖氣機、烘乾機、微波爐、電磁爐、烤箱、電熱器、電鍋等，均應避免共用同一組插座（圖 10-11），以防高負載產生危險，應使用高負載專用迴路。

(2) 重新裝潢時，要依用電狀況重新配置總用電容量、迴路、插座等，並更新所有電線。

(3) 使用電熱器或白熾燈泡等易產生高溫的電器時，切勿靠近衣物、窗簾等易燃物品，且勿作為烘烤衣服的器具，以免烤燃衣物引起火災。

(4) 電器插頭務必插牢，勿使其鬆動，以免發生火花，引燃附近易燃物品，同時勿讓小孩接近玩弄，以免觸電引發危險。

(5) 不可用釘子、騎馬釘或訂書針將延長線或電線固定（圖 10-12）。

(6) 電器發生故障，首先應切斷電源開關；電源總開關如經常有跳電情形，應關閉用電量高的電器，即時請專業人員修理，以免引發火災。

(7) 應經常查看插頭是否有綠鏽現象，如有此情形，表示插頭附近溼度高，可能讓兩極通電造成電線短路。

(8) 電線起火應使用 ABC 乾粉滅火器滅火，而電源未切斷前，切勿用水潑覆滅火，以防觸電。

(9) 勿將電線及延長線置於地毯下方或壓在重物下面（圖 10-13），致電線內部銅線斷裂產生半斷線，造成電流通過過度負載而產生高熱危險。

175

第10章 安全管理

基礎概念篇

旅客服務篇

經營管理篇

行銷活動篇

3. 防火空間必備要件

(1) 火氣管理要執行：勿使有意外火源產生。

(2) 建築材料要恰當：使用不燃、耐燃、防焰材料，不易擴大延燒及產生煙毒氣體。

(3) 防火區劃設計全：發揮主動、被動的防火功效。

(4) 消防設備常檢修：維持其正常功能。

(5) 避難計畫最重要：確實考量並安排避難防災的計畫。

(6) 確實組訓並演練：有組織有訓練，遇事能處理不慌張。

(7) 意外保險有保障：除法規的基本要求外，能有更佳的保障。

4. 公共場所消防安全設備

(1) 消防設備：以水或其他滅火藥劑滅火的器具或設備。

(2) 警報設備：報知火災發生的器具或設備。

(3) 避難逃生設備：火災發生時，為避難而使用的器具或設備。

(4) 消防搶救必要設備：火警發生時，消防人員從事搶救活動上必須的器具或設備。

(5) 其他：經中央消防主管機關認定的消防安全設備。

動動腦

請探討此事件有哪些預防對策。

客房補給站

如何企業化經營一家「體貼入心、更甚於家」的旅館？

　　某汽車旅館值班小姐聽到火警警報聲響後，查看火警受信總機，顯示是四樓機房發生火警，她立即與同事跑到四樓機房查看，發現四樓 101 號房出現濃煙，她透過以下步驟來處理此突發事件：

1. 通報：立即聯繫 119，扳下防煙垂壁面板開關，立即關閉電源，開啟緊急照明設備，現場緊急廣播，警告顧客發生火災事件，請逃離現場。

2. 引導避難：做好引導避難的工作，切勿搭乘電梯逃生，確認顧客及工作人員都已離開火災現場。

3. 救護：維持現場秩序，安撫顧客情緒，並處理傷患。

　　最後火勢撲滅之後，經調查火災發生原因，是因為住客在吸菸後，未將菸蒂的餘火完全熄滅，而剛好菸蒂又掉在地毯上所導致，真可謂星星之火可以燎原呀。

圖 10-14 定溫式探測器。

圖 10-15 偵測式探測器。

圖 10-16 音響告知系統。

三、各類消防系統

動火作業安全管理的目的在提升事業單位及承攬商所有人員安全知識，並落實安全措施，以確保承攬人動火作業安全無虞，使傷害減至最低，有效的動火管理應由承攬制度著手：

（一）火警探測系統

常見的火警探測系統可依不同環境及場域分類如下：

1. 差動式探測器：適合設置於辦公室、客房、餐廳等外場。不適於設置於溫度變化大或快的場所，如燒烤、爐灶、三溫暖等區。

2. 定溫式探測器（圖 10-14）：適於設置於溫度變化大或快的場所，如燒烤、爐灶、三溫暖等區。不適於客房及宴會廳，因溫度不會高到被偵測到。

3. 偵測式探測器（圖 10-15）：適用於客房、公共區域、走廊、樓梯間等其它易產生煙霧的區域。不適於多量塵埃及水蒸器產生之處。

（二）火警告知系統

常見的火警告知系統分為以下四種：

1. 音響告知系統（圖 10-16）：有緊急廣播、電話通訊、警訊告知等系統。

2. 視覺告知系統（圖 10-17）：有火警標示燈、火警警鈴、火災受信機等系統。

（三）滅火設備種類

常見的滅火設備分為以下四個種類：

1. 滅火器、消防沙（圖 10-18）。

2. 室內外消防栓設備（圖 10-19）。

3. 自動撒水設備。

4. 水霧、泡沫、二氧化碳及乾粉滅火設備。

圖 10-17 視覺告知系統。

圖 10-18 消防沙須用消防沙箱裝著才方便攜帶。

圖 10-19 室外消防栓。

（四）警報設備種類

警報設備分為以下四個種類：

1. 火警自動警報設備。

2. 手動報警設備（圖 10-20）。

3. 緊急廣播設備。

4. 瓦斯漏氣火警自動警報設備（圖 10-21）。

圖 10-20 手動報警設備。

（五）避難逃生設備種類

避難逃生設備分為標示設備、避難器具及緊急照明設備。

1. 標示設備：出口標示燈、避難方向指示燈、觀眾席引導燈、避難指標。

2. 避難器具：滑臺、避難梯（橋）、救助袋、緩降機、避難繩索、滑杆及其他避難器具等。

3. 緊急照明設備（圖 10-22）。

圖 10-21 瓦斯漏氣火警自動警報。

圖 10-22 緊急照明燈。

（六）防火標章

政府辦理「防火標章」（圖 10-23）評鑑制度，表揚優良的防火場所，透過業者自發性的公共安全檢查與維護，以提升公共場所的安全性。在經由比現行法規更高標準的評鑑前提下，頒予建築物榮譽的象徵，同時取得防火標章建築物，最高可獲得百分之四十的商業火險保費減免。標章的精神為降低災害風險，確保人命與財務安全。

圖 10-23 防火標章。

10-3 ● 旅館的危機管理與應變

為擬訂有效的旅館危機管理與應變能力，應對旅館的危機及可能發生事件有基本的認識。

一、何謂旅館危機

常見的**旅館危機**，是指如自然災害、食物中毒、火災等（圖 10-24 ～ 26），**這些可能導致旅館經濟或聲譽受到損害的各類易發、突發性事件，都可能給旅館和賓客帶來財產和生命上的損害。**

（一）旅館危機管理特點

旅館是服務性產業，其所面臨的各種危機現象，有多樣和特殊化的特性，而來源有可能是旅館自身產品的因素所導致的，也有可能來自於外界，如處理不當，造成旅館財產，或者客人生命的受損，影響旅館的聲譽，再者，若事發後未能與社會公眾和媒體做好溝通，更會直接導致旅館的形象受損。

（二）旅館危機管理的種類

旅館的危機管理種類概分為以下五項：

1. 各種設施施工的過程可能造成的危險，除了標示清楚各種設施使用方法及路線外，施工時也要有明顯的指標。

179

第
10
章
安全管理

基礎概念篇

旅客服務篇

經營管理篇

行銷活動篇

2. 面對自然災害應有預期的程序、現場處理的標準，以及後續程序的處理。

3. 旅館的防火管理：旅館建築物及各內部空間的使用複雜，旅客不熟悉周遭環境，各旅館對於防火安全的注重與防火設施與應變作為應要求周全，並自主性強化防火安全。

4. 食物中毒也是旅館常見的危機，故其原料的來源及品質管控，料理時的衛生及程序，以及儲存空間的管理都須確實。

5. 公共關係傳播部分，旅館應清楚真相、釐清與承擔責任、接受事實，並真誠傾聽公眾與媒體的聲音，切勿言過其實或不實。

（三）旅館潛在的危機管理問題

部分旅館缺乏對危機管理的重視，經常把危機性事件認為只是為是簡單的突發性事件，沒料到未處理好會快速轉化為危機事件，故旅館潛在的危機管理要點如下：

1. 旅館沒有建立起良好的制度和採取措施，缺乏防範意識，未能防微杜漸。

2. 旅館缺乏在危機發生時的自救能力和基本常識的培訓。

3. 旅館員工培訓制度不足，新員工沒有掌握工作中基本的危機處理知識與技能，以至於無法臨場自如地處理一些危機事件。

4. 旅館沒有在全體員工中建立全方位防禦的預警意識，以提高員工對危機的發現、防範、預警的能力。員工缺乏對突發事件蛛絲馬跡的觀察能力，不能做到對危險提早發現、提早報警。

圖 10-25 1984 年時代大飯店火災新聞畫面。

二、旅館各項危機事件應變概說

旅館的常見危機應變，需留意應變步驟，並依事件做出適當處理。

（一）危機應變四步驟

旅館危機應變步驟：

① **事前預防**
識別危機發生的警示信號並採取預防措施，在災害前組織成員已知危機風險因素並儘力減少潛在損害。

② **危機處理**
危機發生階段，組織成員努力使其不影響組織運作的其他部分或外部環境。

③ **聲譽重建**
儘可能快地讓組織運轉正常，成員回顧和審視所採取的危機管理措施，並整理使之成為今後的運作基礎。

④ **開擴心胸面對危機**
承認錯誤、不辯解，面對事件、彌補傷害並重建聲譽。

（二）常見安全事件危機應變

旅館常見安全事件有七大種類，以下依各事件的處理方式作簡要說明：

1. 爆炸案件

    (1) 封鎖現場，防止再破壞。

    (2) 如有旅客受傷應立即救護。

    (3) 迅速報警，並緝捕涉嫌人犯。

    (4) 維持現場秩序，疏散圍觀人群。

2. 兇殺案件

    (1) 立即向現場單位主管反應再通知管理部、安全室，並迅速向警方管區派出所報案。

    (2) 封鎖現場，保留證據，現場不得有任何移動或破壞。

    (3) 警方堪驗現場後，再依指示採取次一步作為。

    (4) 臨事鎮靜不亂，刑案保密，避免涉及其他旅客。

    (5) 移動傷亡者，行動要迅速、保密。

181

第10章 安全管理

基礎概念篇

旅客服務篇

經營管理篇

行銷活動篇

3. 急症或突然死亡案件

(1) 立即向現場單位主管報告，再通報管理部、安全室，聯絡有關醫院及當事人的親友。

(2) 實施初步檢查急救。

(3) 保持現場，適度保密。

(4) 迅速報警處理。

4. 酒醉鬧事

(1) 和藹對待酒醉者，與陪同親友合作，協助其迅速離開現場。

(2) 醉酒者如行為過分時，即協調安全室支援處理，以免醜態擴大。

(3) 對外籍旅客應知會旅行社導遊或其同行者予以照料。

(4) 保全人員對酒醉鬧事者，必要時得約束其行動。

(5) 如有消費或損壞財物時，待其醒後照價賠償，並通知關係人會同處理。

5. 流氓鬥毆

(1) 有跡象顯示，流氓預謀鬥毆，立即通知警方，並登記其車號及人物相貌特徵衣著。

(2) 警方在現場處理時，須預防客人的權益受損，避免事態擴大。

(3) 發生類似事件，盡量保持肅靜，疏散圍觀人群，維持現場秩序。

6. 蓄意破壞事件

(1) 如屬人為行動，立即制止並對破壞者以現行犯予以制伏。

(2) 迅速通報管理部、安全室並報警處理。

(3) 如屬物體破壞，迅速將其移至安全地帶，惟須切實注意自身安全，對已發生案件，則封鎖現場報警處理。

(4) 對破壞案件，應斟酌案情輕重，決定封鎖現場或實施隔離，惟須立即連絡員警機關處理。

7. 工程故障

(1) 立即與工務部聯絡，說明事故真相，以利工務單位員工，接獲有關突發事件後，能立即採取必要行動。

(2) 保全人員須視狀況，立即採取必要安全措施。

(3) 發生突發狀況，必須保持鎮定，盡量維持旅客不妄動，不慌亂狀態。

(4) 協調現場各單位員工，嚴守崗位，保持鎮靜，協助搶救或協助處理相關事宜。

(5) 全面預防宵小活動或趁火打劫者。

三、危機應變及聲譽重建

（一）缺乏對突發危機事件的反應能力

在應對危機事件中，旅館經常缺乏對突發危機事件的快速反應能力不足，以下為常見的狀態：

1. **不能快速承擔責任去爭取公眾的諒解和信任**，旅館不能只是爭執到底誰對誰錯，不能快速承擔責任並設法挽回局面，這種忽視公眾利益和顧客感情的行為，會導致旅客對於旅館的不理解和信任不佳。

2. **與公眾建立快速真誠的溝通是非常重要的**。旅館若沒有把真誠溝通作為應對危機的快速反應對策的一項中心內容，當危機事件發生時，未能有時有效地進行溝通，會造成謠言、流言滿天飛，社會輿論的壓力使得事件擴大。

3. 未能在第一時間快速解決問題。**最好是在 12 至 24 小時內快速地解決，以免消息像病毒般高速傳播，擴大了突發危機影響的範圍。**

（二）未建立發言人制度，缺乏公關危機

旅館應重視危機公關的配置，設立旅館的發言人制度，在突發事件發生時，危機公關積極主動借助媒體的傳播幫助旅館去澄清，遏制謠言傳播，若有公眾良好的溝通公關能力，積極主動的態度去主動贏得社會公眾的理解和認可，可將形勢轉向有利於旅館的方向發展，同時樹立一個負責任的良好形象。在資訊速度傳播迅速的社會，若能有效地爭取到輿論主動權，才能將事態控制在有序的範圍內。

第11章　會議展覽

　　會議展覽服務本身所具備的乘數效益（Multplier Effect），加上知識經濟的發展，產業結構的改變，使得會議展覽服務近年來成為全球化的新興行業。因此臺灣各大專校院紛紛開設會展人才系所，許多研究也開始指出會展對於旅館的重要性，顯見會議展覽服務的確是具有前瞻性的未來產業。因會展所需入住旅館的時間約為3～4天，有的甚至超過10天，因此有著巨大的市場潛力，而會展業除了對客房、餐飲的需求之外，對旅館其他部門的服務需求量也很大，為旅館擴大了利潤空間，唯因是新興產業，其理論化資料不甚豐富，本章就為一般會展的概念導入，試分析會展對於旅館的經營管理有何影響。

　　學習目標：

- 了解會展的起源、意義及功能。
- 認識會展對於旅館的功能。
- 學習會展管理的經營及策略。
- 培養會議與展覽所需的專業基礎。

在旅館裡看展覽，別有一番情趣

Formosa Art Show 第一屆在寒舍艾麗舉辦，一個隨意的、生活化的展示空間——飯店。在跟客房或起居室差不多大的飯店房間裡，擺滿精緻的點心與各種藝術品。房間雖小，透過浴室、浴缸，甚至淋浴間、洗手臺、馬桶，都能夠是一個展示的空間，作品隨意地擺設，可以一邊品酒，一邊盡情的近距離觀看畫作。

> **動動腦**
>
> 請說明旅館與會展的相互影響？

11-1 ● 會展的定義

會展（Meetings, Incentives, Conferencing, Exhibitions，見圖 11-1），就是會議及展覽的簡稱，是指會議、展覽、大型活動等集體性的商業或非商業活動，在一定地域空間，許多人聚集在一起透過定期或不定期、制度或非制度的傳遞和交流資訊的群眾性社會活動，其概念的延伸包括各種類型的博覽會、展銷活動、大中小型會議、文化活動、節慶活動等，而特定主題的會展是指圍繞特定主題，集合多人在特定時空的集聚交流活動。

廣義的會展是會議、展覽會、節事活動，以及各類產業行業相關展覽的統稱，狹義的會展僅指展覽會和會議。會議、展覽會、博覽會、交易會、展銷會、展示會等都是會展活動的基本形式，世界博覽會為最典型的會展活動，目前國內會展產業鏈已經相當完善。

圖 11-1　　圖為臺北國際機具展於世貿展覽館的展出概況，是臺灣其中之一的大型展覽。

　　國際展覽會標準－《國際展覽會公約》指出：「展覽會是一種展示，無論名稱如何，其宗旨均在於教育大眾。它可以展示人類所掌握的滿足文明需要的手段，展現人類在某一個或多個領域經過奮鬥所取得的進步，或展望發展前景。」

一、展覽的起源

　　展覽起源於原始人類對大自然與神崇拜的祭祀活動。 在以物易物交換的時代開始，就已存在「擺」和「看」的形式，此兩種形式從物物交換延伸到精神與文化的領域。後期因人們對於物質及精神的需求，另一方面也因為經濟、政治、文化的進步，而產生展覽。

　　歐洲國家的展覽，是因由傳統市集的發展演變而成，從此時期開始貿易性展覽的形式，以下由**各分期進行展覽簡述**：

1. 原始社會：生產力極其落後，出現象徵具有展覽型態的活動，僅有懸掛圖騰、物物交換等。

客房補給站

世界上第一個博覽會

1851 年，最早開始工業革命的強國－英國，在倫敦舉行第一屆世界博覽會，展示其國力及工業生產力。發起人是維多利亞女王的丈夫阿爾伯特親王。英國人自豪的把這次大型市集會稱為「偉大的博覽會」(Great Exhibition)。在展出的約 10 萬件展品中，蒸汽機、農業機械、織布機等推動工業革命的機械引人矚目，當時的展品，會後成為兩個新博物館的展品基礎。

2. 封建社會：展示手段開始豐富，有大型洞窟繪畫、壁畫（圖 11-2）、武器陳列、繡像陳列等，另外宗廟和祭祀展覽也更為豐富和隆重，次數也更為頻繁。隨著貨幣的發展和流通，貿易展覽也由物物交換進步到貨幣結算，展覽從此時期開始有了質的變化。

3. 資本主義 (Capitalism) 社會：展覽開始逐步走向多樣化，其功能也日益擴大，此時期為展覽的成長時期，在此時期開始出現大型博覽會，甚至還有世界性的博覽會（圖 11-3），其規模和形勢空前壯大，並且有了重大的突破，如融合聲、光、電於一體的表現手法，以及只用電報傳送交流的貿易展覽等。

圖 11-2　法國拉斯科洞窟壁畫。

圖 11-3　1851 年英國倫敦舉行了第一屆世界博覽會。

二、展覽的功能

　　展覽有整合行銷 (Integrated Marketing) 及交易聯絡的功能（圖 11-4），由於出席者常是各行各業中的高階人士，參與費用多是主辦單位支出，因此展覽中的旅客，其消費額是一般觀光客的 2 ～ 3 倍，以下為展覽的功能說明：

圖 11-4　各家廠商每逢參展期間，無不卯足全力推銷自家產品。圖為 2014 年臺北國際旅展概況。

（一）整合行銷

　　整合行銷是指將旅館內的各種傳播方式加以綜合集成，其中包括一般的廣告、與客戶的直接溝通、促銷、公共關係等整合個別分散的傳播信息，從而使旅館及其產品和服務的總體傳播效果達到明確並且提升效能。其整合行銷的功能分述如下：

1. 為企業展示產品、收集資訊、洽談貿易、交流技術、拓展市場提供了橋樑。

2. 會展在企業市場行銷戰略中的地位日顯重要，已經成為很多企業的重要行銷手段。

3. 是一個近似於完全競爭的市場，市場價值規律可以發揮最大的作用，銷售價格趨近成本，消費者可以購買到價廉物美的產品。

4. 功能有利於企業與顧客的交流，增強消費者對企業產品與品牌的認同度，促進企業銷售工作。

5. 企業可以收集有關競爭者、新老顧客的資訊，企業能了解本行業最新產品動態和行業發展趨勢，構成決策依據。

6. 作為直銷的一種型式，可以直接將展品銷給觀眾；作為公共關係，會展具有提升形象的功能。

（二）交易連絡

　　會展孕育巨大商機，具有聯繫和交易功能，且會展可以向會展組織者、參展商、觀眾提供彼此聯繫和交流的機會。

　　展會參加者在專業展會上可以接觸到行業主管部門管理者、該領域專家、現有客戶、潛在客戶、供應商、代理商、使用者等與己相關的各種角色。

1. 在展銷會上，參展商為賣產品而參展，參觀者為買產品而參觀，均有備而來。

2. 買賣雙方可以完成介紹產品、了解產品、交流資訊、建立聯繫、簽約成交等買賣流通過程，會展體現了溝通和交易的作用。

 **客房補給站**

服務工作是從更高層次上展示企業形象

　　美國心理學家馬斯洛 (Abraham Harold Maslow) 認為，人的需求從低到高分為七個層次，即生理、安全、友愛、社交、尊敬、求知、對美的「自我實現」。這種層次規律啟發推銷人員，向不同的顧客推銷產品時，應針對顧客，各自推廣不同的使用價值和差別優勢。隨著社會生產力水平、顧客收入水平的不斷提高，顧客的需求層次有了進一步的昇華，因此，顧客的需求也隨之上升到了「自我實現」層次。

189

第11章 會議展覽

基礎概念篇

旅客服務篇

經營管理篇

行銷活動篇

三、會展的分類

會展以展出內容可提供消費與否分為消費類及專業類，專業類是專指某一項產業或一項產品的展覽會，以下將會展分為消費類及專業類說明之。

1. **消費類**：是指為社會大眾舉辦的展覽活動，多具有地方性質，展出內容以消費品為主，觀眾的角色多為消費者；這類專案非常重視觀眾的數量。

2. **專業類**：專業展覽指展示某一行業，甚至某一項產品的展覽會。

11-2 ● 會展型旅館

一、會展型旅館

因為大型會議展覽的參與人來自各地，如主辦單位、參展商、觀眾及記者等，因此活動參與人數眾多。會展旅館（圖11-5）不但須提供大面積的場所及展覽地點，並須有充足的客房及豐富的飲食與娛樂設施。一般團體遊客在旅館入住時間大致為1～2天，但通常一個會展所需的時間約為3～4天，有的甚至超過10天，故擁有巨大的市場潛力。

在會展業發展的年代，投資會展型旅館被視為是明智而富有遠見的舉動，但會展型旅館並不只是跟風而建，應該有著更長遠的發展前景及規劃。

圖11-5 圖為以會展為主要經營風格的「東莞會展國際大酒店」。

二、會展旅館的條件

會展旅館的經營不只是需要旅館專營人才，並且需要會議及展覽的專業企劃人員，故經營會展旅館須有服務層次、會展策畫、流程確實及安全服務等條件作為奠基（圖11-6）。

圖 11-6　會展旅館的條件。

1. **服務層次**：會議展覽是企業聯繫內外的橋梁，主辦方可以展示實力並累積豐富的關係資源，它是一種看似被動，但實際上卻是主動的公關行為，因此，服務工作是從更高層次上展示企業形象，服務人員要熱心、周到、細心，且對於每一項服務工作都要高度重視。

2. **會展策畫**：會議展覽的規劃，從接站站牌、服務車輛、停車場等，都可展現出會展服務負責人的想法，也可突顯企業與眾不同之處，故透過會展的策畫讓來賓從服務工作中感受到企業的用心是非常重要的一件事。

3. **流程確實**：服務工作中，不管是迎送，或是食衣住行等各個環節，都必須按照服務工作清單，確實執行。

4. **安全服務**：會議展覽的過程要求切實，且注意食衣住行等各項安全保證，才是成功的會議和展覽。

三、會展型旅館的特色

會展旅館有別於一般傳統旅館，它須提供微型城市化，以讓旅館成為一個獨立的全方位生活功能區；它須一體化，將旅館及會議展覽的必要條件整合為一，營造為更寬闊的發展環境；它亦必須走向國際化模式，觸及本地以外的國家，以下分別說明會展型旅館的三種特色：

1. **微型城市化**：會展旅館的特色在於旅館本身將成為一個獨立的全方位生活功能區，它提供的不僅是住宿和會議場所，而是讓與會者能從他們原本日常熟悉的工作環境中抽離出來。

191

第11章 會議展覽

基礎概念篇

旅客服務篇

經營管理篇

行銷活動篇

2. **一體化**：是指會展和旅館的一體化。會展旅館的經營中，其活動主體如參展商、管理者、新聞媒體等，都有可能成為旅館的客源，因此他們極有可能在旅館完成住宿、餐飲、娛樂等消費行為，為旅館帶來經濟效益，故會展型旅館若能提供優質服務，將會使客人留下深刻印象，並提高會展承辦地的知名度，而促進會展持續於該處舉辦，為當地營造更廣闊的外部發展環境。

3. **國際化**（圖 11-7）：會展旅館與旅遊業者首先要感受經濟全球化的趨勢，才能走向國際化的發展模式；而旅遊業和運輸業已經開始介入到會展和旅館的操作之中，讓彼此的合作更加廣泛和深入，並且觸及本地以外的國家。

四、會展型旅館的困境

會展型旅館的經營風險較大，且因為對其設施要求較高，也看重旅館的服務能力及人員的專業知識，故其經營成本較高。另一方面，當服務會展時，需要大量的服務人員，並提前做大量的準備工作，從會議室布置、房間安排、功能表制定、入場方式、撤展時間等，都需要詳細的計畫，以防出現任何意外，故專業人才的短缺亦是其經營的困境。

11-3 ● 旅館的會展經營與管理

旅館的會展經營與管理，除了顧全基本品質，讓服務與人力發揮最大效應外，創新也是近年來的服務方向之一。

一、產品創新 (Product Innovation)

會展旅館應提供創新的服務和突破，同時增加設計的彈性，且以最優質的配套服務來滿足旅客；在會議結束後，安排在地深度旅遊的引導，為旅客提供旅遊資訊，以及作為各平臺的聯繫。參加會展的旅客通常具有較高社會地位和較強的消費能力，故在提供旅館服務上須有一些新的突破及創新（圖 11-7）。

圖 11-7 品牌化、特色化、服務資源、專業會展服務人員都是會展型旅館的行銷首要基礎。

二、會展旅館的服務及人力管理

旅館的會展經營與管理在服務過程強調全程參與，而人力的安排上更是關係著會議的進行，以下就服務與人力管理之內容說明之。

（一）服務

會展型旅館除了依託得天獨厚的自然環境外，還得積極開發娛樂休閒產品以增強旅館對旅客的吸引力，因此其室內及戶外休閒娛樂活動都必不可少。

另外如全程服務的角色、遞送簽證、安排考察行程、聯繫車輛、接洽客戶和地方官員、提供當地有關活動的資訊、當好文化禮儀的參謀、辦理海關手續、把客人所有往來資訊迅速無誤的傳遞到客房內，這些服務都是提升顧客忠誠度的關鍵；為了實現個性化的服務，可透過將旅館智慧化、資訊化，增加其競爭力的方式來進行。

（二）人力管理

為了提供會議人員貼心、一貫式的服務，從會議、食宿、會場布置、協調、安排旅遊日程、節目演出等，旅館都須力求每一個細節的完美，減輕會議承辦者的煩惱，因而會展旅館應成立專門的會議部，並派遣專案人員掌握相關知識、經驗、能力，包括會議、展覽的策劃、視聽設備的維護與管理、組織與安排等，其專案人員應同時要具有會展業與旅館業的交叉經驗，且與各類專業或非專業的會展組織者交際的能力等。

第12章 公關活動企劃

　　現代的旅館經營離不開公共關係，此關係到旅館經營管理全過程，在兩者間取得平衡，充分發揮積極作用，可促使旅館穩定發展。旅館公關活動企劃，主要任務為旅館形象及知名度的塑造，其工作內容有建立媒體關係、館內活動的舉辦及推廣；架構組織成員為副理、公關、美工。本章介紹在旅館中擔任要角，卻常被理論課程忽略的組織–負責活動企劃的公關與美工，並介紹最新科技產品通路的活動企劃技巧。

　　學習目標：

- 認識公關組織人員職責。
- 學習活動企劃的基礎架構及技巧。
- 熟識新時代的宣傳模式，以配合企劃的活動執行。

偷竊價值 200 萬名畫，澳洲知名酒店熱銷 1500 間房！

位於澳洲墨爾本的藝術系列酒店（Art Series Hotels），為了在淡季推廣銷售，以自家酒店為背景，向大眾提出一個非常獨特的世界觀。他們大約花了 80,000 美元來打造並經營獨特的元宇宙，花費 15,000 美元購入班克斯其中一幅作品「無球遊戲（No Ball Games）」，透過社群媒體向大眾宣傳，也給予跟畫作相關的提示。

在活動期間作品會轉移到不同的分店展示，並要求旅客必須要入住酒店才能參與該活動，讓旅客嘗試把畫作偷走。偷竊時必須注意不得採取暴力行為，若能使用其他手段偷走，該畫作就歸屬偷竊成功的客人。此舉讓飯店 1500 間客房全部銷售一空，收益高達投資金額的 3 倍，在社群媒體上被分享的次數有達到 700 萬次。藝術系列酒店所打造的合法竊盜元宇宙「偷走班克斯」可說是大獲成功。

動動腦

如果你是飯店公關，想想看在淡季時，有哪些行銷活動可推廣？

12-1 ● 服務業公關

　　旅館的公關人員職責是為旅館產生良好的公眾信譽，以促進組織有良好的發展，如記者招待會、社會責任、社會贊助、典禮儀式，必要時的危機處理活動。公關在經長期的努力後，為旅館樹立良好形象，並建立維護組織、組織公眾間的互惠互利關係。

一、公關的功能

　　旅館公共關係是為了協調與公眾的關係，並塑造和維護旅館的良好形象，改善經營環境的意識和策略，其工作應留意保持與公眾的利益均衡。並負責提供各種勞務、服務等無形商品，是一個直接與顧客打交道的角色。

　　構成旅館形象的要素包括滿足消費者需求，如服務設施，以及其精神需求層面的需要，如服務項目、服務態度、服務藝術等，**其旅館公關的服務內涵如下：**

1. 重視提高服務質量，並努力宣傳旅館形象。
2. 持強烈的公關意識，並融合公關和業務活動。
3. 重視提高交際技能，以贏得顧客的好感。
4. 加強內部信息交流，協調配合，以提高服務效率。

二、公關的職責

　　旅館公共關係包括內部和外部兩方面（圖 12-1），內部是指員工和股東公共關係，他們是旅館公關工作的基礎；外部包括顧客、旅行社、社區公眾、媒介公眾、政府機關和同業公眾等公共關係，這些關係的處理直接影響到旅館營銷，故**旅館公關應善用其影響力、為旅館樹立良好形象，並具有危機 (Crisis) 處理能力，以下為公關的職責：**

（一）善用影響力

　　無論旅館的設施多完善、服務多周到，若無人知曉，則旅館的生存和發展

圖 12-1　旅館公共關係圖。

都會受影響，因此透過新聞媒體的曝光，擴大旅館的影響力，提高知名度打開市場，才能使旅館獲得最佳效益。為此公關部應當充分利用優勢，為旅館決策層提供切實可靠的資訊，作為旅館決策者的參謀。

（二）為旅館樹立良好形象

旅館可作為外地人對一個地區的整體形象，所以其形象可能直接影響外地人對該城市，甚至國家的觀感，故旅館的形象也是一種無形的資產，以及吸引客人是否前來消費的一個因素。旅館公共關係的根本目的是樹立旅館發展的良好形象、建立良好信譽，以取得社會公眾的認同、信任及支持，促進旅館營運目標的實現（圖12-2）。

圖 12-2 旅館的社會責任，與家扶中心的孩童共度節日。

（三）具危機處理能力

危機事件是因疏忽或其他原因而產生的一些特殊意外情況，主要包括火災、食物中毒、停電停水、自然災害，以及勞資糾紛等，這些都是旅館經營管理過程中無法預料的，若處理不當，旅館的信譽會受到極為不良的影響，因此正確且迅速的處理各種突發事件，並進行事後彌補，是旅館公關應具備的能力。

客房補給站

197

第 12 章 公關活動企劃

基礎概念篇

旅客服務篇

經營管理篇

行銷活動篇

公關危機處理

　　旅館各部門都有可能發生的危機，然而我們無法避免危機的發生，只能在危機發生時，盡力將傷害降到最低。可能發生危機的狀況如：客務部超級天災造成低住房率，使用促銷專案維持成本房價的原則下，將房間成本回收。房務部人力大量退休，或客房發生顧客死亡；業務部未如合約內容提供客戶需求，導致客戶嚴重客訴；人事部分則常遇到人員大量離職，或發生員工對於人事相關法令與公司認知不同；餐飲部門可能發生食物中毒；其他如公安意外、原物料汙染或財務現金不足等。

12-2 ○
公關企劃的形式與活動內容

動動腦

　　如果你是主管，當旅館發生危機時，你會怎麼做？

　　公共關係可依時間、地點、預算、媒介、對象、目標等做為策劃內容的考量，其企劃形式可分為綜合分析及確立目標。時間、地點、預算、媒介、對象、目標等公共關係企劃活動可分為九種類型。

一、公共關係企劃的形式

　　公關人員首先應收集資訊、確立問題所在，並提供確實的資訊給主管做為分析。再確立目標、制定計劃內容，才能有效達到設定目標，以下就企劃形式說明之（圖 12-3）。

綜合分析	確立目標
● 搜集資訊 ● 確定問題所在	● 確定目標 ● 制定計劃

圖 12-3　公共關係企劃內容

1. **綜合分析**：公關人員首先必須針對收集而來的資料，進行再一次的綜合分析，確定問題所在，進而提供方法供主管人員下決策。

2. **確定目標**：公共關係目標，是旅館公共關係形象策劃所追求和渴望達到的結果，**確立目標是公關策劃中最重要的一步，目標正確與否關係著形象建立的結果，**因此策劃的內容須精準，才能有效達到當初所設立的目標。策劃內容包含以下6點：時間、地點、預算、媒介、對象、目標。

二、公共關係活動內容

依據不同的策畫項目，公共關係活動可分為以下九種類型：

交際型
以面對面的人際傳播為手段，通過人與人直接交往，廣交朋友，建立廣泛的聯繫。

宣傳型
採用各種媒介向外傳播訊息，企圖提高旅館知名度。

徵詢型
透過民意調查收集資訊，此方式也可增強公眾的參與感，提高旅館的社會形象。

社會型
透過各種社會福利活動來提高組織的知名度。

服務型
如進行消費指導、售後服務、諮詢培訓等，來增加旅館的知名度。

防禦型
在已發生的緊急事件中，即時反映外界的批評意見，爭取主動說明及改進。

建設型
用於創建初期，為提高旅館知名度而舉辦開業慶典、免費參觀等。

維繫型
透過持續的宣傳和工作，維持組織在社會公眾心目中的良好形象。

矯正型
當旅館遇到風險公共關係失調，使形象發生嚴重損害時所採用的一種公關活動模式。

199

第12章 公關活動企劃

基礎概念篇
旅客服務篇
經營管理篇
行銷活動篇

12-3 ● 網路時代活動企劃及行銷

　　網路時代自 1999 年盛行後，漸漸取代許多傳統行銷方式，又稱線上行銷或者電子行銷，指的是利用網際網路為載體的行銷方式。網際網路為行銷帶來了許多便利性，也降低許多宣傳成本。

　　網路行銷利用數位化的資訊和網路媒體的互動性，來達到行銷目的，其即時互動的特性，使得行銷效益更加迅速；網路常見行銷方法包括搜尋引擎行銷、顯示廣告行銷、電子郵件行銷、會員行銷、互動式行銷、病毒式行銷、論壇行銷、web 2.0 行銷、影片行銷、部落格行銷、微博行銷、口碑行銷、社會網路行銷、關鍵字行銷、搜尋引擎最佳化、網路廣告等很多種方法。以下介紹**旅館業常見的行銷配套**（圖 12-4）。

圖 12-4　網路時代旅館行銷配套方式

行銷大小事知多少？

旅館的工作單位通常設有公關企劃部門，其主要工作有旅館例行宣傳物的製作、美食拍照宣傳、網路行銷、網頁製作管理、廣告公關、企畫的執行並配合活動舉辦。

每年季節性的旅館活動眾多，有大大小小的促銷案、周年慶、美食節、弱勢贊助活動、廣告宣傳、會員制度建立、刊物出版、對外公關新聞稿、重要旅客住宿宣傳等，除例行工作外，也需臨時性支援國內外宣傳旅展的參與，因此行銷知識與技巧要非常創新，才能將旅館的優點推廣出去，進而增加住宿與餐飲的營收。

動動腦

身為旅館公關，你如何與媒體保持良好關係？請依本章所學說明其職務重點。

一、微電影行銷

近年來微電影 (Micro Movie, Micro Film) 成為許多行業的行銷工具，在電影上線後搭配活動進行推廣，以達到相輔相成的效果。

二、網路社群經營

網路社群是與客人保持互動、建立緊密關係的平臺，此方法可以縮小旅客與旅館的距離，增加互動效果，故旅館可派任一位專職行銷人員經營粉絲團，或購置 Facebook（簡稱 FB）廣告。

三、跨部門配合

許多企劃活動都倚賴跨部門的溝通與配合，隨時掌握客人最新動態，分享各部門的趣事與圖片，各部門自製的行程表、具體的交通指示，以及店家和餐廳資訊，這些也都可以透過公關人員或網路經營專員的分享，讓其發文內容更豐富與實用。

四、提高互動率

提高互動率的方式，可透過將員工與客人的合照放到粉絲專頁，使其與粉絲產生互動、為客人提供貼心的服務、將客人的貼心小故事轉化為分享題材、提供相關旅遊資訊、辦理粉絲活動等，另外為旅館的新設空間命名，這也是提高與旅客互動的方式。

第13章　行銷管理

　　隨著時代變遷、交通發達，旅館就像旅客在外的第二個家，提供住宿者所有需求。有些旅客喜歡評價好又舒適的旅館，但有些旅客喜歡交通方便的旅館，所以每家旅館都用不同的行銷策略和管理手法來吸引顧客。本章以市場現況、行銷及創新經營來看旅館經營及未來發展，

　　學習目標：

- 分析市場定位的影響因素。
- 了解旅館管理行銷策略及特色。
- 學習旅館經營的未來趨勢與創新經營模式。
- 關注旅館國內外市場的行銷通路。

AI 導入自動販賣機，可口可樂打造創新行銷！

可透過 APP 直接下單購買，並於指定地點取貨。商家也可透過雲端即時掌握銷售情形及補貨需求，也能依行銷時程進行促銷活動，彈性調整產品價格。

想喝可樂不須再盲目找尋販賣機，此舉為消費者帶來便利外，同時也開拓了全球購物新視野。有別於一般自動販賣機模式，打破疆域限制，讓消費者無論身在何處都能便利購買。

（資料來源：修改自網站 https://www.smartm.com.tw/article/34343937cea3）

動動腦

AI 趨勢正夯，如何利用 AI 進行旅館行銷規劃？

13-1 ● 市場的定位與競爭

一、市場定位

市場的定位可分為現有產品 (Product) 的再定位，和對潛在產品的預定位（圖 13-1）。對現有產品的再定位可能導致產品名稱、價格和包裝的改變，但是這些外表變化的目的，是為了保證產品在潛在消費者的心中留下值得購買的形象；對潛在產品的預定位，則須要求營銷者從零開始，使產品特色確實符合所選擇的目標市場。

旅館的市場定位 (Market Positioning) 則是指依據競爭者現有產品在市場上所處的位置，了解顧客對旅館特徵或屬性所重視的程度，來為產品塑造與眾不同的形象，以利帶給顧客深刻印象，並透過故事將這種形象及價值傳達給顧客，使旅客明顯區分與其他旅館的差別，建立特殊地位。

圖 13-1 旅館的定位可以三種方向去思考：對象－顧客群是誰；價值－旅館的價值在哪裡；故事－要用什麼敘事方式把價值傳達出去。

203

第 13 章　行銷管理

基礎概念篇

旅客服務篇

經營管理篇

行銷活動篇

　　旅館在進行市場定位時，一方面要了解競爭對手的產品具有何種特色，另一方面要研究消費者對該產品各種屬性的重視程度，然後根據這兩方面進行分析，再選定旅館產品特色和獨特形象。

二、競爭內容

　　產品、旅館、競爭、消費者等定位，是旅館競爭內容的四大要點，以下依各項內容說明之。

1. **產品定位**（圖 13-2）：側重於旅館產品實體定位（如餐廳特色、設備等）。
2. **旅館定位**：即塑造旅館形象（如員工能力、表現、服務滿意度等）。
3. **競爭定位**：確定旅館相對與競爭者的市場位置。
4. **消費者定位**：確定旅館的目標顧客群。

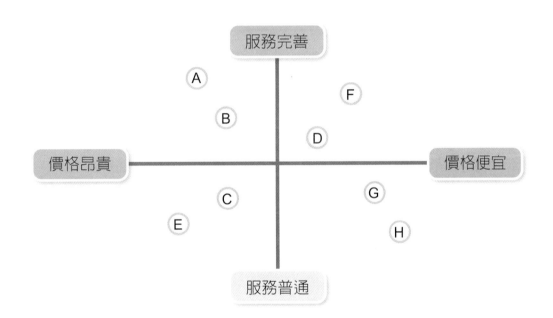

圖 13-2　產品定位常使用的「知覺圖」，用來表示消費者對各品牌的印象，包含定位基礎和品牌（圖中 A ～ H 代表各家旅館）。

找到市場定位的方法

根據 Yankelovich 的市場調查，消費者每天平均在媒體上接受 3000 至 2 萬則訊息，在當代社會裡，我們已經成為了資訊超載的載體，而你的商品要如何在這片資訊汪洋中被消費者找到，又能剛好打中你的目標客群。在進入市場前，一定得先做好市場定位策略，否則想要和潛在客戶溝通的品牌或產品訊息，只會消失在洪流之中。

市場定位七步驟：

1. 起草定位聲明（Draft a position statement）
2. 比較和對比你的獨特性（Compare and contrast to identify your own uniqueness）
3. 競爭對手分析（Competitor analysis）
4. 確認你現在的市場定位（Determie current postion）
5. 競爭對手的定位分析（Competitor postioning analysis）
6. 發展一個獨特的定位策略（Develop a unique positioning idea）
7. 檢測品牌定位概念的有效性（Test the effectiveness of your brand postioning）

13-2

旅館行銷活動與通路

國內外旅館行銷活動及通路非常多，以下就一般旅館常使用的行銷活動或銷售通路進行說明，方法大同小異，但行銷技巧可因人而異。

動動腦

旅館的市場定位，具體可分為哪些步驟？

一、行銷要項

產品、價格、通路、推廣為行銷四大要項，雖然旅館是以服務為目的，但須透過這四大要項為旅館帶來服務的機會，以下就產品、價格、通路、推廣的內容進行說明：

1. **產品**：實質產品如每個時段和旅館房間的優惠；附加產品如豐盛的自助早餐、客房翌日早報、客房迎賓茶點、主廚精選中或西式晚餐；延伸產品如免費使用多功能健身房、三溫暖抵用券優惠、門票暢遊券及精美小禮物等。

2. **價格**：配合節慶的活動或季節活動訂價；為產品組訂價，並以集合成套的定價銷售。

3. **通路**：除了傳統通路、旅館開發的通路，網路亦是近年來快速且渲染力強的通路。

4. **推廣**：透過報章雜誌、媒體、網路等通路推廣行銷旅館的特色及優勢。

二、行銷活動

隨著行銷多元化，行銷活動日新月異，其方法非常多，依不同旅館屬性有不同行銷方式，以下介紹16種行銷方式。

1. 直接信函：印製活動訊息及簡介，提供遊客最直接的住宿訊息。也可將文宣品寄放於全國休息站、服務中心、旅遊景點提供取閱，或利用郵寄方式、網站置入方式進行促銷（圖13-3）。

2. 展覽促銷：每年有很多政府或協會舉辦的旅遊展覽活動，是一項很重要的促銷活動，旅館可設立攤位進行促銷旅館產品，例如每年的臺北國際旅展、臺中旅展、高雄旅展，甚至大型國際旅展，如上海旅展、北京旅展、東京旅展、柏林旅展、倫敦旅展等（圖13-4）。

圖13-4 上圖為台北國際旅展；中圖為歐洲旅遊博覽會；下圖為日本旅遊博覽會。

圖13-3 旅遊的文宣可放置於各車站的旅遊服務中心供取閱。

3. 直接拜訪：對於各地有業務往來的旅館，或協會固定來往客戶進行業務拜訪活動，說明旅館業務範圍、活動內容、合作細節是比較適宜的推廣活動。

4. 媒體廣告：媒體廣告促銷 (Promotion) 推廣是行銷活動中最基本的一環，重要的是要選擇目標市場做廣告活動，否則昂貴的媒體廣告可能無法達到廣告效益，反而適得其反。

5. 置入式行銷：安排旅館表演團體及行銷人員上節目促銷，或利用知名歌星簽名會作為宣傳活動，達到知名度行銷活動。

6. 網路行銷：可透過網路聊天、購物、通訊、訂車票、訂報、報稅等通路，置入或提供自由交換有價值的產品與服務，以滿足顧客的需要與慾望。

7. 異業合作行銷：旅館因為本身就有多樣化活動，所以它可以和各種行銷互相配合舉辦各種活動，例如與婚紗禮服公司合作，吸引適婚年齡的客人前來觀賞活動，婚紗公司可以招募訂婚紗禮服的客戶，而旅館可藉機提供婚紗場地，以及執行訂房訂餐的業務（圖 13-5）。

8. 公關活動行銷：公關活動可增加旅館形象，藉由媒體曝光讓客人對旅館形象肯定及品牌認同，例如，免費接待弱勢團體來旅館免費住宿，可以增加社會認同旅館的經營理念，以及對社會做出良好示範作用，這也是另一種行銷活動方式（圖 13-6）。

圖 13-5 婚紗業者與觀光酒店聯名合作推出蜜月旅拍婚紗專案，藉此達到雙贏的行銷模式（資料來源：ROYAL 蘿亞結婚精品網）。

圖 13-6　大飯店為醒目標地物，舉辦登高賽，並提供住宿券做為參賽得獎者的獎品，活動引發不少媒體報導，藉此活動增加曝光率。

9. 美食活動行銷：每年參加季節性美食活動，旅館本身可依季節變換，以及重要節日推出美食活動，例如母親節套餐、情人節套餐、尾牙套餐、父親節套餐等，再結合旅館活動，包裝旅遊產品作為促銷，此外也可參與地方產業或全國性的美食活動，增加知名度，例如參與每年中華美食展活動，透過料理套餐的研發與發表，一方面可增加業績，另一方面可打響旅館的知名度（圖 13-7）。

10. 形象促銷：好的旅館除了軟硬體設施之外，還必須導入旅館識別系統 (Corporate Identity System, CIS)，可促進規格化、標準化，並有利於推動多角化經營及國際化，提高旅館知名度，藉此吸引優秀人才，提升員工士氣，加強團隊意識，

圖 13-7　大飯店推出尾牙、春酒及年菜促銷活動。

進而擁有顧客品牌忠誠度，由於旅館服務產業是一種情緒勞務產業，勿過度承諾造成不實而失去顧客，把顧客不滿視為絕佳機會，保持聯繫，提供持續關懷的服務，藉此提升旅館的良好形象。

11. **口碑行銷**：藉由旅館員工的良好服務，提升旅客的滿意度，再由旅客透過其親朋好友之間的交流及口耳相傳，將產品信息、品牌傳播開來，這種低成本、高效率的方式稱為口碑行銷。

客房補給站

飯店界最神祕的人物
——金鑰匙——

金鑰匙是由 Les Clefs d'Or（金鑰匙協會）所頒發的標誌，是國際酒店業界的一個榮譽標誌。這是一個由一群專業的酒店大廳經理組成的國際性組織，其成員被稱為「金鑰匙」。他們是世界各地頂級酒店中經驗豐富的專業人員，主要職責是提供高品質的服務，滿足客人的需求。

金鑰匙的象徵意義在於他們的專業知識和對客戶服務的承諾。這個標誌通常以兩把交叉的金色鑰匙來表示，象徵著他們打開了對卓越服務的門戶。持有金鑰匙標誌的酒店員工被視為專業、經驗豐富且受過嚴格培訓的服務人員，他們致力於提供最優質的住宿體驗。

12. 員工行銷：「每一個員工都是旅館行銷人員的概念」必須深植員工心靈。提升員工的核心能力，有助於旅館長期策略的落實，所以優質服務從快樂員工做起。首先讓員工認同公司理念，進而透過高優質服務打動人心，無形中增加再來客。

13. 事件行銷：事件行銷是藉由社會上正發生的敏感或話題事件，經過創造正流行的話題性，結合旅館活動來做廣告行銷，或者邀請話題人物參與旅館活動，吸引人潮到旅館消費，此種方式可在無形中增加旅館形象知名度及營業收入，也就是應用巧妙的事件，引人入勝，令消費者不自覺被推銷，達到行銷目的。

14. 感動行銷：旅館不只是達到滿意服務而已，必須要讓客人感動，發自內心的熱枕接待、注重每一項細節、傾聽客人每一項需求。以提供產品或服務產生的感動，這種感動將可固化旅館的口碑與消費者的忠誠關係。因客人在意的絕不只是視覺，還包括感覺，故誠意、專業、服務技巧結合了感動行銷是旅館維持良好口碑的一環（圖 13-8）。

圖 13-8　象徵飯店卓越服務的最頂標，以兩把金色鑰匙作為榮譽標誌。

15. 價值行銷：價值是一種感覺，所以非常主觀，價值非指價格或品質，而是指付出與獲得的一種感受，消費者在消費過程中會去體驗衡量所獲得的滿意度及口碑，所以旅館經營者須從顧客的角度來審視自己的服務、溝通、專業是否符合客人的期待，故旅館服務著重顧客要求的全套服務，且能快速回應並滿足顧客需求，這就是服務業注重的價值行銷。

16. 銀行合作促銷：銀行發行很多信用卡，為了要達到持卡人消費，銀行會與各行各業進行促銷活動，在市場上，此方式已是一項眾所皆知的促銷行為，銀行為增加持卡人消費的同時，也能使旅館增加遊客來源，增加收益（圖 13-9）。

三、行銷通路

依不同旅館有不同的有效通路，但目前最有效率及節省資源的方法則為網路，以下就一般傳統通路及網路通路分述說明：

1. 直接通路：直接促銷信函、直接拜訪有業績的客戶面對面的行銷，可以討論解說產品設備及活動內容，較能引起共鳴。

2. 政府機關及財團法人通路：政府機關或財團法人機購每年也會舉辦很多例行性活動，這些都是旅館不可或缺的業務來源。

3. 旅行社通路：許多旅館來往的旅行社，會集中在有學生畢業旅行、校外教學業務、公司員工旅遊、會議活動等國民市場，此通路以量制價，因此售價相對降低。

4. 連銷訂房系統通路：透過國內外旅遊系統通路，進行訂位、訂房作業，也是旅館一項業務通路，例如國外旅館的 SRS 國際訂房中心 (Steigenberger Reservation System, SRS) 及 UTELL 系統。

5. 國、內外特定契約旅館通路：一般國內外公司行號的福利委員會組織，每年都

圖 13-9 旅遊服務業結合信用卡促銷，也是目前常見的行銷方式。

會有固定的會議或旅遊計劃，此種通路人數眾多，可搭配住宿、餐飲、會議活動及園遊會等項目進行。

6. 網路行銷旅館通路（圖13-10）：網路是目前最流行，也是最多人使用的業務通路，不只是旅館的促銷活動公告、訂房、訂位、訂餐皆可透過網路通路來完成，不但快速，資訊也比較透明，而且可多項業務同步進行，因此可節省很多時間及繁雜流程。

圖13-10　因應網路通路的盛行，許多公司也紛紛成立專業的旅館網路行銷平臺。

動動腦

如果你是旅館企劃人員，企畫一個婚禮活動，你認為有哪些注意事項。

 **客房補給站**

行銷手法舉例（異業合作）

旅館為了促銷婚宴市場，可以選擇當地知名婚紗禮服拍攝公司異業合作，而周邊婚宴所需，如喜帖印刷公司、喜餅公司、花藝公司、表演主持團體，甚至布置及婚宴整體規劃顧問公司也是異業合作的好夥伴，其合作方式，可由旅館選擇結婚淡季，並提供婚宴大型場地、飲料及簡易餐食，再配合周邊有關產業，共同促銷婚宴市場，如舉辦婚紗走秀及促銷整合平臺，觀眾則可邀請各個市場適婚年齡的男女來參與活動，其服務內容則可給予婚禮流程、婚宴菜色，婚紗禮服試穿、婚宴進行過程的現場體驗及解說等，而費用方面，則各家廠商各自分攤，如此異業間可節省費用，並用很少的資源創造很多商機，這是達到行銷目的的最好手法。

211

第13章 行銷管理

基礎概念篇

旅客服務篇

經營管理篇

行銷活動篇

13-3 ● 旅館的創新經營

旅館是提供旅客住宿的地方，也是展現本土文化的最佳平臺，在全球化的市場競爭下，旅館的經營必須重視策略，且不斷求新求變，經由創新來取得競爭優勢。旅館創新是指旅館價值創造，它可能包括多個商業模式構成要素的變化，也可能包括要素間關係的變化，其創新的條件是提供旅館全新的產品或服務、或用前所未有的方式提供已有的產品服務，其模式至少有多個要素不同於其他旅館，其運轉模式要有良好的業績表現，表現在成本、營利能力、獨特等競爭優勢。

一、旅館的服務創新

以創新的生產方式來滿足市場需要，是經濟成長的原動力。創新方式主要可分為三種類型：

1. 漸進式的創新：將產品、服務或是製程，作微小改善的創新。

2. 系統的創新：須利用較多的時間與昂貴的成本來改善，如此才能有具體的成果。

3. 躍進式創新：可對整個產業造成影響，甚至可以創造整個產業的創新。

隨著產業結構的快速變遷，勞力密集的國際觀光旅館業屬服務業的一環，營運成敗除了受外在環境的景氣影響外，著實受其「服務創新 (Service Innovation)」的影響，因此服務創新逐漸成為服務業的一門新顯學，特別是以服務為導向的旅館業，以下為**創新的五大要點及產品創新的要素**（圖 13-11）：

使用者好感度

設計管理策略

企業專業度

創新程度

環境永續價值

產品創新要素

技術可行性

產品企劃方向

圖 13-11 產品創新要素

SRS 和 UTELL 國際訂房系統

SRS 國際訂房中心,是由斯坦因格集團為因應全球系統規模通路所設置的訂房系統,目前臺灣有福華飯店加入。UTELL 也是國際著名連鎖訂房系統,UTELL 和 STERLLNG 及 SUMMIT 等三個國際著名系統,組合成 SUMMIT,目前是全球最大的澳門訂房系統之一。

1. **領導**:領導人要強調創新優先,提供策略性方向,並分配資源。

2. **結構**:建立有利協同合作的組織結構。

3. **創新技術**:教育員工有關創造或創新的工具及技術。

4. **管理**:建立管理程序,將概念變為創新,並衡量其績效。

5. **獎勵創新**:認識創造行為,並獎勵創新。

二、創新與競爭優勢

對一般中小旅館而言,成功的創新可帶來下列七項利益:

1. **變得更有競爭力**:旅館可增大市場占有率,獲得新顧客。旅館的產品、服務與價值在市場上可得到更大的肯定。

2. **創造顧客的忠誠**:贏得關鍵顧客的信賴及偏愛,並進而加強彼此在策略性計劃方面的合作。

3. **有清楚的發展方向**:旅館有明確的願景,知道旅館該有的走向,以及它在全球化市場中的位置。

4. **贏得外在投資者的信心**:旅館被投資者視為可靠、進取及有價值的組織,因而願意繼續支持。

5. **提升決策品質**:注重知識管理、問題解決、風險評估及資訊蒐集,使旅館決策更健全。

6. **使旅館經營更好**:採用新技術,並提升旅館整體的效能。有效的營運控制及改善。

7. **使全體員工更有效能**:能吸引、培育及留住最佳員工,使他們肯為旅館策略與願景而效命。

三、創新管理的困難

　　創新管理雖很重要，但在執行上常遭遇各種複雜的問題，而且容易失敗，因此必須善用常識、彈性、溝通來加以妥善處理（圖 13-12）。

圖 13-12　創新的管理五力。

（一）意外

　　意外事件的發生會加大創新管理的困難，因而須注意風險管理。一個組織可能發生意外事故的機率雖無法準確的推估，但現今一個旅館的創新也非處在全然陌生的領域，因此，可依事件發生的機率，以及事件可能造成損害嚴重程度來做適當的風險管理。

（二）急迫性

　　有時外在環境變化會緊急迫使一個旅館去創新，若缺乏競爭壓力，太少急迫性要求，將令人驕矜自滿；相反的，過度急迫的催逼，則會產生反效果，甚至癱瘓，因此適度急迫的要求，則可使組織及其成員振作起來，產生活力。

（三）重要人員異動

　　在創新過程，幾乎難免會歷經挫折、挫敗的階段。造成員工士氣低落，耗費昂貴的資源，生產力又低，這時須有充分的安撫、溝通、支持及再度保證，否則難免造成人心渙散，進而引發意外的重要人士異動。

四、創新成功關鍵

　　創新雖是獲得競爭優勢，以及鞏固旅館策略性地位的有效方式，但往往很難成功，因此掌握創新的成功關鍵，將能大幅提升旅館的能見度及營收能力。以下將大略闡述創新時有可能遇到的情況，以及創新的關鍵為何。

（一）創新可能遇及的狀態

　　美國學者研究創新管理提出六個創新可能遇及的狀態：

1. 未來充滿變數，因此須重視學習與調適。創新是面對未來變局的要務。

2. 創新涉及技術、市場與組織的互動。

3. 所有旅館都有其一般的作業程序，可將創新跟該程序相聯結。

4. 不同的旅館有不同的創新例行常規。

5. 例行常規是學習來的。良好的商業行為逐漸會結構化，形成常規。各旅館有其獨特的文化及常規，別人很難傚效。

6. 創新管理是找尋有效的例行常規，並藉學習程序的管理，來面對創新的挑戰，因此可利用較有效的常規來達成創新。

動動腦

　　你覺得一個城市的觀光發展得好，有什麼好處？

客房補給站

城市發展與旅館的關係

　　臺南市長曾於臉書寫：「臺南的觀光旅遊，一直發展得很好。我也希望，臺灣所有的城市，都能和臺南一樣好。短期來看，這波跨年的四天連假，一房難求，觀光旅館住宿率達 98%，一般旅館的住宿率也高達 87%，而民宿同樣來到 96%。長期來看，臺南合併升格至 2017 年統計為止，每年觀旅人次已達 2,327 萬，過夜人次增加 34%，旅宿房間數也增加 33%，顯見臺南觀旅環境持續穩定成長。就目前為止，已有 33 案旅宿業者進駐，其中投資金額在兩億以上者，就有 15 間之多。星級飯店進場，合法民宿增加，正是臺南觀旅發展前景可期的最佳說明。」

215

第
13
章　行銷管理

基礎概念篇

旅客服務篇

經營管理篇

行銷活動篇

（二）成功的創新

　　成功的創新是以策略為基礎，依賴有效的內部與外部的連結，且須有良好的機制，以促成改變，並須有組織的配合或支持，否則就不可能發生（圖 13-13）。

（三）創新策略

　　成功創新沒有一套固定的策略，除了要了解旅館在產品、程序、技術及全國創新體系中的地位外，還要在旅館現今所累積的能力情況下，留意可選擇的技術路徑，且要重視旅館所採行的組織程序要有跨功能及跨部門的整體策略性的學習規劃。

（四）相互連結

　　旅館須與市場、技術供應商，以及其他組織人員建立各種密切的相互連結關係。這種連結可提供機會，讓旅館得向顧客、領先使用新產品者、競爭者，以及策略伙伴等來學習，因而可獲得更寬廣的見解。

（五）創新的有效執行

　　組織須有良好、有效的執行機制來推動創新，以便從一個新概念或機會開始，逐步推展，終至實現。在執行時，要注意須將問題做系統性處理，此外也要有明確的決策體系，以便決定創新該繼續推動下去，還是因遭遇失敗而叫停，因此要了解計畫管理與控制的技巧、市場與技術發展的情況、對變化程序的管理，另外因變化而受到衝擊的人，須在當時或事先加以規劃，並處理相關的問題。

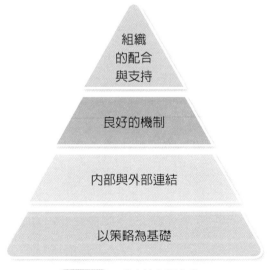

圖 13-13　成功的創新條件。

（六）組織須支持創新

　　創新須獲得組織的各種支持（圖 13-14），以利創意的出現，能有效的推動創新。要建立及維護有利創新管理的組織環境及條件，首先要注重組織結構、工作安排、教育及人才發展、報酬與獎賞制度與溝通方式，以利創新。旅館須創建一個學習型組織的環境及條件，並加以運作，要能共同發覺及解決問題，對技術及創新程序的管理要加強學習，並強化這些能力。

圖 13-14　　圖為台南晶英酒店。其以開放創新思維，經營新商品、新服務，走「在地化」路線，將府城孔廟設計搬進酒店大廳，充滿濃濃文風氣息，這也使其在疫情期間，屹立不搖。

第14章 旅館的現況與未來發展

本章介紹臺灣旅館現況及各經營型態,進而由各研究趨勢歸納未來旅館的發展,並著重於主題休閒旅館、民宿經營、連鎖旅館及觀光旅館的型態發展進行歸納。

學習目標:

- 了解臺灣旅館目前的經營型態。
- 熟悉觀光產業的近況與前景。
- 學習旅館的經營發展趨勢。

後疫情時代，三大不能忽視的旅遊型態

1. 美食或美酒結合的旅行：晶華酒店曾推出過包含 6,000 元台幣餐飲消費額度的「買六千送六千」，或是讓兩名房客可以在 30 個小時內盡情享用栢麗廳、泰市場與義饗食堂餐點的「一泊六食」專案，和美食有關的專案，都叫好又叫座。

2. 獨特、高端的一站式體驗：台北文華東方酒店行銷公關總監李佳燕觀察到，消費者因為疫情無法出國，會更想追求如出國般的度假氛圍，如：一站式的親子度假體驗越見蓬勃，台北文華東方酒店有為親子推出的烹飪、科學、魔術課；或是晶華酒店曾推出結合課程、遊戲室、閱讀區、全天候供餐等的「郵輪式體驗」專案等。

3. 結合在地化旅遊：晶華酒店推出的「無圍牆博物館」─由藝文管家帶住客瞭解大稻埕、赤峰街或城北廊道。

   雲品國際總經理丁原偉認為：「未來的旅遊，第一一定要走高端，第二要深度，要有娛樂有教育有美食，沒有娛樂，讓人待不久；沒有帶著歷史、文化、故事等教育的，會覺得空泛，沒有美食，說真的，就沒有觀光。我覺得這三件事是相輔相成。」

（資料來源：MICHELIN GUIDE 官網）

 動動腦

請說明哪一種旅遊型態最吸引你？

14-1 ● 臺灣地區觀光旅館概況

在臺灣，觀光局將國際觀光旅館經營型態分為獨立經營、管理契約、特許加盟、會員連鎖等，以下將針對此四種型態，概述其各自的特點；而不同的經營型態，對旅館的經營效率，與其決策權亦有不同程度的影響。依法令所區分的經營型態概述如表 14-1：

表 14-1　臺灣地區觀光旅館家數及房間數統計表

地區/客房數	國際觀光旅館家數		一般觀光旅館家數		合計	
	家數	房間數	家數	房間數	家數	房間數
新北市	4	934	4	389	8	1,323
臺北市	21	7,105	15	2,124	36	9,229
桃園市	6	1,415	4	804	10	2,219
臺中市	5	1,135	3	538	8	1,673
臺南市	5	1,114	1	40	6	1,154
高雄市	8	3,042	2	397	10	3,439
宜蘭縣	5	893	4	589	9	1,482
新竹縣	1	386	1	384	2	770
苗栗縣	0	0	1	191	1	191
彰化縣	0	0	0	0	0	0
南投縣	3	399	0	0	3	399
雲林縣	0	0	0	0	0	0
嘉義縣	0	0	3	236	3	236
屏東縣	2	739	1	234	3	973
臺東縣	3	507	1	290	4	797
花蓮縣	6	1,403	0	0	6	1,403
澎湖縣	1	331	1	74	2	405
基隆市	0	0	1	141	1	141
新竹市	2	465	0	0	2	465

地區/ 客房數	國際觀光旅館家數		一般觀光旅館家數		合計	
	家數	房間數	家數	房間數	家數	房間數
嘉義市	1	245	1	120	2	365
金門縣	0	0	1	47	1	47
連江縣	0	0	0	0	0	0
合計	73	20,113	44	6,598	117	26,711

資料來源：2023 年中華民國交通部觀光局

1. 獨立經營：投資業者不藉助外力，獨立經營或管理其投資的旅館，具所有權或經營管理決策權。缺點則為投資風險較高，面臨市場競爭壓力較大。

2. 管理契約：管理契約亦可稱為委託經營管理。旅館事業投資者本身沒有旅館管理技術能力，而訂定管理契約委託專業旅館管理顧問公司，將旅館經營管理權交由連鎖旅館公司負責經營，所有權與經營管理權完全分離。此種經營型態的缺點則是投資人對旅館經營管理並無自主權，且須支付高額的服務費用。

3. 特許加盟：亦即授權加盟連鎖。獨立的旅館與連鎖旅館集團簽訂長期合作契約的方式，藉由建立一套標準營運系統方式，將該系統使用的權利授予加盟業者。此型態的缺點則是旅館經營管理受到連鎖旅館集團限制，使因應市場變化所訂定的策略靈活度降低。

4. 會員連鎖：屬於共同訂房及聯合推廣的連鎖方式，會員須經過嚴格的資格審查後，才能加入國際訂房組織。此型態的缺點則是缺乏管理技術的轉移、市場區隔明顯與競爭策略不易調整。

14-2 ● 主題休閒旅館的發展趨勢

　　主題休閒旅館主要提供完整且豐富的景點觀光、住宿休憩、週休二日、短期旅遊的去處，本節以筆者的實務經驗作為分享，以劍湖山主題樂園及王子大飯店為例，進而介紹主題休閒旅館的發展及可能遇到的困難。

一、主題休閒旅館興起的原因

（一）所得提高

由於臺灣地區經濟發展迅速、國民所得 (National Income) 提高，許多家庭有多餘的時間及金錢，可從事基本生活以外所需的休閒活動，觀光旅遊成為近幾年不可或缺的生活休閒，使得國內旅遊市場前景看好。

（二）生活型態改變

週休二日及彈性上班的制度實施，使得現代人愈來愈重視生活享受，因而休閒遊樂的需求也跟著提高。

（三）休閒水準上升

為隨著國家政策目標的推動，行政院設立「觀光發展推動小組」，興建遊憩系統、都會公園及均衡區域建設。此外，也因為國道 2 號與東西向快速道路的完成，旅程時間縮減後，旅客參與休閒的意願提升，進而促進主題休閒旅館的需求。

（四）企業形象提升

以劍湖山世界為例，自設立以來，藉創新及國際的宏觀視野為經營理念，初期以大型機械遊樂為主要集客設施，每年皆吸引百萬人潮，奠定領導品牌的企業形象。後結合博物館、國際聯誼中心、彩虹劇場、耐斯影城及餐飲購物中心，以完整規劃提供全方位服務，滿足遊客休閒、遊樂及文化的需求，深受消費者肯定，而為了使顧客停留時間加長，進而建造王子大飯店，而有今日的主題休閒旅館的成立（圖 14-1）。

圖 14-1　臺灣著名的休閒旅遊樂園－劍湖山世界。

圖 14-2　迪士尼學習課程生動活潑，有故事分享、影片設計播放、小組討論練習、問題提出、經驗分享，以及工作場所觀摩體驗等交互穿插式教學。

圖 14-3　迪士尼認為公司的員工都是「演員」，因為最貼近顧客，故常被視為提供服務的關鍵資源。

二、主題休閒旅館發展的困境

（一）觀光從業人員缺乏

觀光旅遊產業人力是提供勞務的服務業，近年來因臺灣地區勞工意識抬頭，造成人員短缺及勞工成本上揚，無形間增加了經營的難度及成本。以劍湖山為例，為吸引就業人口，除提升員工福利外，加強內勤作業電腦化及更新自動化設備，以節省人力需求，同時加強員工教育培訓，以提供高品質服務，藉以降低用人成本；另一方面，本公司亦積極營造良好工作環境與氣氛，使員工有工作即休閒的感受，並引進迪士尼式管理「迪士尼優質服務課程」(Disney's Approach to Quality Service)，造就管理人才，創造其個人附加價值，以長期為公司服務為目標（圖 14-2 ～ 14-4）。

（二）旅館市場競爭

因為臺灣地區所得提高、生活型態改變、休閒水準上升、企業形象提升，另外也因為兩岸三通，旅遊風氣及會展活動的興盛，為旅館帶來新的發展契機。在快速發展下，卻也造成服務品質良莠不齊，導致某些旅館以較低劣的服務品質搶攻市場，造成市場失衡。

圖 14-4　各行各業的企業顧問和主管在過去多年來造訪迪士尼學院，已經有超過 35 個國家，包含 40 種以上不同的行業別的人來到迪士尼，學習更多關於這個神奇王國背後的商業理念。

客房補給站

迪士尼式管理

在迪士尼將其經營標準程序簡易化後，又設計出多項迪士尼人才課程核心主題如：高品質服務、最佳領導力、人力資源管理、品牌忠誠度、創意等。課程內容豐富，包含卓越領導 (Leadership Excellence)、人才管理 (People Management)、優質服務 (Quality Service)、品牌忠誠 (Brand Loyalty)、創意激發 (Inspiring Creativity)、卓越經營 (Business Management) 等課程，廣泛適用於產、官、學等各領域，更提供醫療經營 (Business Excellence for Healthcare Professionals) 課程予特殊專業人士。

14-3 ●
民宿經營的發展趨勢

一、民宿的興起

臺灣民宿興起於 1980 年代墾丁國家公園附近，因經濟發展而造成國民休閒活動開始活躍，導致旅館供不應求，因此開始有民宿的興起（圖 14-5）。在法令方面，**2001 年交通部觀光局負責研擬管理法規，公布實施「民宿管理辦法」，確定民宿的法定地位。民宿衍生為賦予鄉村新生意義的產業，其影響層面涉及經濟面、社會面和環境面。**

圖 14-5 　週休二日興起，導致民宿供不應求，因而有民宿的興起，圖為墾丁船帆石 866 Villa 民宿。

1. **社會面**：民宿產業的興起，不但能提供都會區居民休閒的需求，在鄉村轉型過程中也創造了許多就業機會，減緩人口流失與結構不均的現象。

2. **經濟面**：民宿的經營，開創鄉村嶄新的經濟來源，改善地方經濟，並增加稅收。

3. **環境面**：經營民宿對於業者來說主要以獲利為目的，但鄉村因遊客前來度假旅遊，很容易導致環境受損，因此近年來保護環境資源的意識逐漸抬頭。

二、民宿的功能

民宿是因臺灣國民休閒活動活躍所產生的住宿型態，其功能如下：

1. **提供住宿**：提供合理的價格給予消費者，為民宿最基本的功能之一。

2. **深度旅遊**：遊客藉由居住民宿，體驗當地特有的自然景觀與遊憩活動。

3. **產業經濟** (Industrial Economy)：民宿的發展，在鄉村轉型的過程中提供居民就業機會，且可間接販售當地農產品給遊客，提供農業活動的邊際效益。

4. **生態環境**：在結合當地自然景觀與人文環境的活動來吸引遊客將民宿作為住宿選擇的動機下，促使當地居民有維護自然環境的觀念（圖 14-6）。

5. **社交功能**：吸引都市或國外旅客來訪，提供交流機會，縮小各縣市城鄉居民於自然文化方面互動的距離（圖 14-7）。

圖 14-6 馬祖的建築也是所謂的閩東建築，為馬祖最富人文氣息與特色的地景。北竿的芹壁村則是馬祖地區保存最完整、最具代表性的閩東聚落。特殊的自然景觀吸引遊客前來一探究竟，並體驗在石屋民宿的感受。

225

第14章 旅館的現況與未來發展

基礎概念篇

旅客服務篇

經營管理篇

行銷活動篇

三、民宿經營關鍵

　　民宿經營與旅館經營，同樣都具備有形資產及無形資產，但因民宿為個人非企業所經營，故注重個人專長能力。

1. **有形資產**：休閒設備、經營規模、產品特色。

2. **無形資產**：品牌聲譽、景觀氣氛、市場區隔與選擇、價格、資訊服務、行銷通路、服務品質、顧客滿意度。

3. **個人專長能力**：財務管理、活動安排與設計、連鎖經營、公共關係。

 圖14-7 　圖為仁愛鄉清境佛羅倫斯渡假山莊。位在海拔1755公尺的高度，在房間內就可以欣賞櫻花、落羽松美景，天氣好的時候還有夕陽、雲海，一年四季能吸引國內、外遊客來此體驗。

動動腦

　　請說明大數據對旅宿管理的助益。

數位旅宿經營法則

　　臺灣民宿、青年旅館林立，如何在大環境異軍突起，除了有令人讚嘆的設計與服務外，更要了解市場大數據，並針對數據找到客人的消費模式。數位旅宿管理顧問專家黃偉祥大學時期主修餐旅管理，畢業後進入旅館業界；後來前往加拿大研修旅館管理，取得文憑與專業證照，也在當地從事旅館業。2012年進入線上訂房平臺，2015年，他透過「線上電商經驗」及「大數據」分析OTA，讓整合後的旅宿一開張便門庭若市，他表示，數據分析簡單來說就是每個消費者的消費模式，比如說訂房者通常都在幾點下單，傾向哪一個價位的房間，都可藉由大數據做分析及整合。

14-4 ● 連鎖旅館經營與發展趨勢

一、連鎖旅館經營優勢

節稅、分散風險、共同採購、利益分配為連鎖旅館的經營優勢,其可結合資源並加強廣告效果,亦能避免利益分配時造成旅館的風險,以下就各種優勢分述之。

1. **節稅**:國內外的連鎖旅館同屬一家母公司,則海外連鎖店不但要被本國課稅,也須繳納海外當地政府的稅,為避免被雙重課稅,連鎖系統設立各自獨立的企業單位以便節稅。

2. **分散風險**:連鎖體系下,各旅館為獨立企業體,財務不相沖,如一家經營不善,可避免波及其他旅館,或有法律的訴訟。

3. **共同採購**:連鎖旅館的用品、物料及設備可採共同採購的方式,以降低經營成本。建立健全管理制度,可統一訓練員工,運用一貫作業標準以電腦訂房,訂定作業規範,進而提高服務水準。也可以開發共同市場 (Common Market),結合資源以加強宣傳及廣告效果。

4. **利益分配**:一般旅館股東或合夥人出資的方式、多寡不同,因此利益的分配也不同,間接也影響到企業的結構,連鎖旅館可以共同建立強而有力的推銷網,聯合推廣,提高旅館的知名度,以及樹立良好形象,並給予顧客信賴感與安全感,進而確保共同的利益。

二、旅館連鎖經營的種類

連鎖旅館可依以下內容做為經營種類,以下就各種內容說明:

1. **顧客需求 (Customer Demand)**:在臺灣,連鎖旅館的經營可依顧客需求區分,常見的有以商務為主的商務旅館,及以情侶休憩使用的汽車旅館等(圖 14-8)。

圖 14-8 汽車旅館提供情侶休憩,講求浪漫氣氛。

227

第 14 章 旅館的現況與未來發展

基礎概念篇

旅客服務篇

經營管理篇

行銷活動篇

2. **活動目的**：可依活動目的區分，如以青年活動招待、家庭旅行為對象等，另外也可分為女性、高齡者、親子專用，但過度嚴密的分類會影響到經營的效率。

3. **立地條件**：有位於車站、高速公路附近或機場周圍等注重交通便利性的旅館，也有位於市中心，以商業活動為目的而設立的旅館，前者如汽車旅館，後者如大部分的都市性或商業性旅館。

4. **設備等級**：分為高級旅館，如歐洲古典式豪華旅館，以及一般旅館等。

5. **經營模式**：可分為所有、直營、租用、特許加盟、志願參加，以及委託經營管理方式。

三、旅館連鎖經營的方式

旅館的連鎖經營在未來的旅館管理中，將扮演極為重要的角色，其方式更趨向廣泛、複雜、多樣化，發展更為迅速。就如同希爾頓大飯店創始人康拉德 (Conrad N. Hilton, 1887 ～ 1979) 曾說：「創造更多的利潤，唯有連鎖一途。」以下就連鎖旅館經營方式說明之。

創造更多的利潤，唯有連鎖一途。

（一）直營連鎖

由連鎖集團自行興建或收購旅館，可完全掌控旅館的經營，並確保品質和服務水準。

1. 自行興建：臺北國賓在高雄興建高雄國賓大飯店，均衡發展臺灣觀光事業，促進南北交流。臺北老爺大飯店與日本人投資，加入日本航空連鎖飯店（圖 14-9）。

2. 收購旅館：如臺北富都大飯店收購前中央酒店，列入其香港富都連鎖經營方式。

圖 14-9 台北老爺大酒店，委由大倉日航酒店管理集團 (Okura Nikko Hotel Management Co., Ltd.) 經營管理，為台灣第一家國際日航連鎖飯店 (Nikko Hotels International)。

（二）租用

業者與連鎖集團簽訂租賃合約，無須投入龐大資金，仍可享有旅館的經營權與使用權，如：墾丁凱撒大飯店租用土地，再由日本人興建旅館後，參加其屬於日本航空及南美洲的連鎖旅館。

（三）委託經營

由業者委託連鎖集團經營的型態，但旅館所有權仍屬於業者，如臺北希爾頓、凱悅、晶華等飯店。

（四）特許加盟

連鎖集團將其經營技術、品牌、商標等授權給加盟業者，並以連鎖集團的名稱經營，如高雄華園大飯店及桃園大飯店加入假日大飯店的連鎖體系。

（五）共同訂房及聯合推廣

如高雄國賓大飯店同時與日本東急及日本航空公司的連鎖推廣與訂房、來來大飯店與美國雪萊頓，以及福華大飯店之於日本京王大飯店，都是很好的例子。

總而言之，旅館連鎖的最終目的仍在於業者聯合力量，建立共同市場，以確保共同利益，然而在聯合的過程中，我們也藉此機會引進先進國家的經營管理新技術、新觀念，因此對我國旅館的經營發展只有好處，同時也給予消費者高水準的服務品質，加強對連鎖旅館的信賴感與安全感。

四、連鎖旅館未來展望

連鎖旅館的未來發展狀況分述為以下五點：

1. 連鎖化擴大加速：由於旅館連鎖經營的優點，如管理技術的取得、情報的蒐集、訂房系統的連線、企業形象的維護、不動產投資等，連鎖化經營已蔚為風潮。

2. 大型跨國旅館集團的優勢經營：大型的國際性旅館集團有其卓越的商譽、形象、技術與資本，縱橫全球，形成一種獨占的優勢，發展相當迅速。

3. 中小規模連鎖旅館的崛起：中小型連鎖旅館為因應廣大的潛在市場，正迅速在都市崛起，以完善的設備和服務招攬顧客，甚至以價格經營實惠為訴求手法開拓市場。

4. 連鎖旅館以自有特色為訴求重點：連鎖旅館強調本身的特色，加強客源的集中，如商務性的旅館以個人化服務或大型集會性為旅館的訴求重點。

圖 14-10　定位為高級旅館的法國 Sofitel 旅館，外表雖然有歷史感，但室內裝潢時尚。

5. 客源的區隔化趨勢：旅館的經營有其設定的客層，但也同時開拓不同的客源，這種區隔化的經營相當成功，例如假日旅館為大眾化的都市旅館，但該集團也設有專走高級路線的旅館，目前假日旅館在全球各地皆有設立，臺灣也有。而拉馬達旅館集團也設定為豪華級的旅館，遍布全球各大城市；法國最大旅館集團 Accor 旗下的 Sofitel 旅館公司也定位為高級旅館，專開發高價位市場（圖 14-10）。

6. 事業多角化經營：旅館集團經營多角化不僅可提高營運績效，且可分擔經營風險。例如跨足休閒產業，經營高爾夫球場（圖 14-11）、健身運動俱樂部、觀光賭場 (Casino) 或是出租公寓、食品業、外燴業、豪華郵輪、集會住宅管理業，就連不動產、金融業也有他們的足跡。

圖 14-11　許多旅館不僅附加經營餐廳，也跨足休閒娛樂多角經營，圖為桃園悅華大酒店高爾夫球場。

14-5 ● 國際觀光旅館經營的發展趨勢

一、觀光旅館的發展特色

　　觀光旅館的發展特色，除強調獨特性的展現特色，其旅館餐廳特色與食材新鮮度亦是發展重點。另外，充分發揮服務專業也是旅館發展的重要關鍵。

（一）展現特色

　　影響國際觀光飯店財務與評價的主要因素為「產品與服務」的權重，產品是觀光飯店最能展現自家特色的一大著力點，如料理方面，國際觀光旅館就必須具有異國料理，以及自己本身的獨特料理，異國料理很容易吸引消費者的好奇心，而獨特料理就像自家的私房菜，因為其獨特性，所以更能吸引住客人，除此之外，如能不定期推出創新料理，才能滿足消費者求新求變的慾望（圖 14-12、13）。

圖 14-12　劍湖山王子大飯店推出的歐洲美食節照片。

圖 14-13　許多旅館推出易於吸引消費者好奇心的異國料理。圖為台北花園大酒店「花園 thai thai」美食活動。

（二）餐飲特色

除了前面所舉例的，還有一個重要的部分就是「食材的新鮮度」（圖 14-16），這會影響旅館本身的商譽及信用，這兩點乃是旅館餐廳的生命，同時也是無價且無形的商品，先不論觀光飯店的建築、內部設備是怎樣的富麗堂皇，假使飯店的餐飲無法保證食材的新鮮度，那麼就等於虛有其表，形同虛設。

圖 14-16　食材的新鮮度是旅館餐廳的重點，連帶影響旅館的信用。

（三）服務特色

服務業是未來世紀的主導產業，尤其在臺灣經濟活動中所占比重高。「顧客至上」、「服務第一」是旅館業最需要的理念，除了必須具備為人服務的熱忱，要能充分發揮敬業精神、專業的知識與技能。

二、觀光旅館的發展趨勢

觀光旅館朝向多元化、特色化、連鎖化、區隔化發展，以下簡述之：

1. **多元化**：依照族群種類及活動目的的不同，而有不同且多元的經營模式。

2. **特色化**：為了市場定位，以突顯旅館的特色，觀光旅館的經營特色應注重如何展現特色、發展餐飲特色、提升服務特色。

3. **連鎖化**：將旅館連鎖化，可達到節稅、風險分散、共同採購、利益分配等功能。

4. **區隔化**：進行市場區隔，鎖定族群以利擬定行銷策略。

5. **競爭化**：因市場需求提高，近年來旅館林立，競爭對手增加，因此加入競爭、面對競爭是旅館服務業的重要課題。

6. **電腦化**：不僅是旅館服務業，在科技發展的現代社會，將服務電腦化是首要條件。

 動動腦

請說明新南向政策的發展方向？

 **客房補給站**

觀光新南向中的打造友善穆斯林旅館環境

常在外走動的國人，是否留意到觀光景點的人潮，組成有些不同？臺灣的穆斯林人口與日俱增，為了讓這些遠道而來的朋友們，能有一趟「賓至如歸」的體驗。新南向觀光方針中，打造友善穆斯林環境，是一項重點項目，如開設清真料理課程，舉辦穆斯林重要文化節日慶典，附設祈禱室以回應穆斯林信仰需求等。近日在捷運系統內，就能看到明顯的開齋節活動宣傳，穆斯林祈禱室因此成為必備公共設施，同時穆斯林餐旅認證的餐廳，也增多起來；進入大學校院內，更常看見標有「穆斯林專區」提供無豬肉料理、個別菜夾等，更體貼他們的需要。

透過這些軟硬體改善，國人愈來愈熟悉且習慣生活裡有穆斯林朋友，過去因為文化疏離，彼此難有互動，但隨著外在改變，雙方也能漸漸拉近距離，有更多的交流，這是長遠來看最大的目標。

馬來西亞、印尼、菲律賓、巴基斯坦、孟加拉等都是穆斯林人口較多，且一直以來與臺灣往來較頻繁的國家，政府會持續以這些國家為主要對象，宣傳我國觀光的便利性，吸引穆斯林遊客前來旅遊。

附錄一　餐旅服務人員常用英文單字表

A

available　可用的
arrival　到達
allow　允許
at one's service　…服務
access　進入
address　地址
according to　根據……所說，按照
apologize　道歉
arrange　安排
accommodation cost　宿費

B

bath　浴室
bellboy　行李員
book　預定
be full up　全滿
baggage　行李
bill　鈔票，紙幣

C

check out　退房
confirm　確認
company　同伴
carry　運送，手提
currency　貨幣
check in　入住
counter　櫃台
certificate　單據
carelessnes　粗心

D

double room　雙人房
deluxe　豪華的
dollar　美元
dining hall　餐廳

date　日期
departure　程
discount　折扣

E

exchange　兌換，（貨幣）交換
explain　解釋，說明
exchange memo　兌換水單

F

form　表格
file　檔案
foreign exchange counter　外幣兌換處
fully　完全地，徹底
fill to　填寫

G

guest　旅客
guarantee　保證
give sb.a hand　幫…的忙
go to bed　上床睡覺

H

hotel　飯店
housemaid　客房服務員
have a look　看一看
hotel directory　旅館指南
hotel lobby　飯店大堂

I

intend　打算
include　包含
inconvenience　不方便
in touch with　聯系，接觸
information desk　總台
identification　身分的證明
in charge　主管

K

kind 種，類
key card 出入證

L

list 一覽表

M

major 主要的
mini-bar 小冰櫃
manager 經理

N

name 名字
note 紙幣
noise 噪音

O

occupancy 占有
offer 提供
occupant 占有人

P

provide with 提供
price 價格
purchase 購買
payment 付款
party 一組人
presidential 總統的
peak 高峰的

R

reservation 預訂
rate 費用
receipt 收據
relax 放鬆

room charge sheet 房價表
registration 登記
responsible 有責任的
regulation 規章
release 再出租
reservation desk 預定處
room with good ventilation 通風良好的客房

S

show 帶領
solve 解決
safety box 保險櫃
single room 單人房
suite 套間
shower 淋浴
solid 全部地
service 服務
suitcase 手提箱
seat 座位
sign 簽名

T

the phone number 電話號碼
trouble 麻煩，煩惱
tax extra 另加稅金

U

understaffed 人員太少的，人員不足的

V

vacancy 空房間

W

wake up call 喚醒服務
welcome to 歡迎到來

附錄二　臺灣觀光專有名詞中英對照表

A

Adventure Tours 冒險之旅

American Society of Travel Agents (ASTA) 美洲旅遊協會

Amusement Park Industry　觀光遊樂業

Analysis of Tourism Statistics　觀光統計分析

Association of Tour Managers, R.O.C.　中華民國觀光領隊協會

Average Expenditure Per Person Per Trip　每人每次旅遊花費

Average Number of Cities Visited Each Trip　平均到訪據點數

Average Number of Days Per Trip　平均停留天數

Average Number of Nights Per Trip　平均停留夜數

Average Number of Outbound Trips Per Person　平均每人出國次數

Average Number of Trips Per Person　平均每人旅遊次數

Average Room Rate　平均房價

B

Business Hotel　商務旅館

C

Check-in　登記、報到

Check-in Time　住進旅館規定時間

Check-out　退房

Chinese-language Tour Guide　華語導遊人員

Chinese-language Tour Manager　華語領隊人員

Class-A Travel Agencies　甲種旅行業

Class-B Travel Agencies　乙種旅行業

Consolidated Travel Agencies　綜合旅行業

Convention Center　會議中心

Cultural Tourism Resources　人文景觀資源

Culture and Heritage Tours　文化之旅

D

Designated Scenic Area　風景特定區

Domestic Tourism Development Program　國內旅遊發展方案

Domestic Travel Rate　國人國內旅遊率

Doubling Tourist Arrivals Plan　觀光客倍增計畫

Duty-free　免稅

E

Ecotourism Codes　生態旅遊規範

Ecotourism Tours　生態觀光

Educational Tour (ism)　修學旅行

Encouragement of Private Investment in Tourism Development　獎勵民間參與觀光遊憩設施建設

Erlong Village Dragon Boat Races　二龍村龍舟賽

F

Federation of Taiwan Tourism Associations　臺灣區觀光協會聯合會

Festival Activities　節慶活動

Festival of Austronesia Cultures in Taitung　臺東南島文化節

Festivals　節慶

Foreign-language Tour Guide　外語導遊人員

Foreign-language Tour Manager　外語領隊人員

Free Individual Travels (FIT)　自助旅行

Full-time Tour Guide　專任導遊

Full-time Tour Manager　專任領隊

G

Gourmet Guide　美食指南

H

Home Stay　民宿

Hot Spring Area　溫泉區

Hot Spring Area Management Plan　溫泉區管理計畫

Hot Spring Certificate　溫泉標章

Hot Spring Conservation　溫泉保育

Hot Spring Law　溫泉法

Hot Spring Provider　溫泉取供事業

Hot Spring Resources　溫泉資源

Hot Spring Utilization Business　溫泉使用事業

Hot Spring Water Rights　溫泉水權

Hot Springs　溫泉

Hotel　旅館

Hotel Association of The Republic of China　中華民國旅館事業協會

Hotel Chain　旅館連鎖經營

Hotel Classification　旅館分類

Hotel Industry　旅館業

Hotel Occupancy Rate　客房住用率

Hotel Rating System　旅館評鑑制度

Hualien International Stone Sculpture Festival　花蓮國際石雕藝術季

Hualien Tourist Hotel Association　花蓮縣觀光旅

館商業同業公會

I

Inbound Travelers (Tourists)　入境旅客（觀光客）

Inbound Visitor Statistics　來臺旅客統計

Inbound Visitors / Visitor Arrivals　來臺旅客

Incentive Travel　獎勵旅行

Industrial Tourism　產業觀光

International Congress and Convention Association (ICCA)　國際會議協會

International Tourism Advertising and Promotion　國際觀光宣傳推廣

International Tourist Hotels　國際觀光旅館

J

Jet Skis　水上摩托車

K

Kaohsiung Song Jiang Battle Array　高雄內門宋江陣

Keelung Ghost Festival　基隆中元祭

Kending Wind Bell Festival　墾丁風鈴季

L

Lantern Festival　燈會

Leisure Fisheries　觀光休閒漁業

Length of Stay (Nights)　停留天數（夜數）

Local　地方的、當地的

Low Season　淡季

Lugang Dragon Boat Races　鹿港慶端陽

M

Major Domestic Tourist Sites　國內主要旅遊景點

Marine Park　海洋公園

MICE Industry　會展產業

N

National Forest Recreation Area　國家森林遊樂區

National Park　國家公園

National Scenic Area　國家風景區

National Tourist Office (NTO—Government Organization)　觀光局（政府組織）

National Tourist Organization　國家觀光組織（社團法人）

Natural and Cultural Ecology Scenic Areas　自然人文生態景觀區

Number of Hotel Rooms　客房數

Number of Inbound Visitors / Visitor Arrivals　來臺旅客人數

Number of Outbound Travelers　國人出國人數

Number of Visitors to Major Tourist Sites　主要景點遊客數

O

Offshore Islands　離島

Outbound Travel Rate　國人出國率

Outbound Travelers (Tourists)　出國旅客（觀光客）

Overall Degree of Satisfaction　旅遊整體滿意度

P

Pacific Asia Travel Association (PATA)　亞太旅行協會

Package Tour　套裝遊程

Passenger　乘客

Peak Season　旺季

Penghu Sailboard & Cobia Tourism Festival　澎湖風帆海鱺節

Per Capita Inbound Visitor Spending　來臺旅客每人平均消費支出

Percentage of Trips Taken During Holidays and Weekends　假日旅遊比例

Pingsi Lantern Festival　平溪天燈節

Private Associations　民間社團

Professional Guides　專業導覽人員

Purpose of Visit　來臺旅遊目的

R

Rail Tours　鐵道之旅

Recreation Farms　休閒農場

Recreational Area / Amusement Park　遊樂區

Recreational Facilities　遊樂設施

Recreational Facility Area　遊憩設施區

Regulations for The Administration of Hotel Enterprises　旅館業管理規則

Regulations for The Administration of Scenic Areas　風景特定區管理規則

Regulations for The Management of Home Stay Facilities　民宿管理辦法

Regulations for The Management of Tourist Amusement Enterprises　觀光遊樂業管理規則

Regulations Governing Amusement Park Enterprises　觀光遊樂業管理規則

Regulations Governing Professional Guides for Designated Ecotourism Sites　自然人文生態景觀區專業導覽人員管理辦法

Regulations Governing Tour Guides　導遊人員管理規則

Regulations Governing Tour Managers　領隊人員管理規則

Regulations Governing Water Recreation Activities　水域遊憩活動管理辦法

Resort Hotel　渡假旅館

Room Rate　房租訂價

S

Same-day Visitors　短暫停留旅客

Sanyi Wood Carving Festival　三義木雕藝術節

Scenic Area　風景區

Scenic Area Assessment　風景區評鑑

Scenic Area Public Facilities　風景區公共設施

Service Directory　服務簡介

Service Industry　服務業、服務產業

Special Tour Guide　特約導遊

Special Tour Manager　特約領隊

Special Tour Manager　特約領隊

Standard Tourist Hotels　一般觀光旅館

Statute for The Development of Tourism　發展觀光條例

T

Taichung Tourist Hotel Association　臺中市觀光旅館商業同業公會

Taipei County Bitan Dragon Boat Tournament　臺北國際龍舟錦標賽

Taipei International Travel Fair (ITF)　臺北國際旅展

Taipei Lantern Festival　臺北燈節

Taipei Tourist Hotel Association　臺北市觀光旅館商業同業公會

Taiwan Association of Scenic, Sports and Amusements Parks (TASA)　臺灣省風景遊樂區協會

Taiwan Dragon Boat Festivals　臺灣慶端陽龍舟賽

Taiwan Lantern Festival　臺灣燈會

Taiwan Tea Expo　臺灣茶藝博覽會

Taiwan Tour Bus　臺灣觀光巴士

Taiwan Visitors Association (TVA)　臺灣觀光協會

Taoyuan Tourist Hotel Association　桃園縣觀光旅館商業同業公會

The Association of International & Tourist Hotels Kaohsiung, R.O.C.　高雄市觀光旅館商業同業公會

The Hotel Association of The Republic of China　中華民國旅館商業同業公會全國聯合會

Total Expenditure on Outbound Travels　出國旅遊總支出

Total Expenditure on Domestic Travel by Citizens　國人國內旅遊總花費

Total Number of Domestic Trips by Citizens　國人國內旅遊總旅次

Total Number of Trips Taken by Citizens　國人出國總人次

Tour Guide　導遊人員

Tour Guide License　導遊人員執業證

Tour Itinerary　遊程

Tour Manager　領隊人員

Tour Manager License　領隊人員執業證

Tourism　觀光

Tourism Activities　觀光活動

Tourism and Amusement Facilities　觀光遊樂設施

Tourism and Recreation　觀光休閒遊憩

Tourism Bureau Overseas Offices　觀光局駐外辦事處

Tourism Bureau, MOTC 交通部觀光局

Tourism Development and Promotion Committee, Executive Yuan　行政院觀光發展推動委員會

Tourism Expenditure　觀光支出

Tourism Industry　觀光事業；觀光產業

Tourism Industry Workers　觀光從業人員

Tourism Marketing　觀光市場行銷

Tourism Policy White Paper　觀光政策白皮書

Tourism Publicity　觀光宣傳

Tourism Receipts　觀光收入

Tourism Resources　觀光資源

Tourism Satellite Accounts　觀光衛星帳

Tourism Statistics　觀光統計

Tourism Survey　觀光調查

Tourist　觀光客

Tourist Amusement Enterprise　觀光遊樂業

Tourist Area　觀光地區、觀光遊憩區

Tourist Guides Association, R.O.C.　中華民國觀光導遊協會

Tourist Hotel Industry　觀光旅館業

Training of Tourism Industry　觀光從業人員訓練

Travel　旅遊

Travel Accident Insurance　旅行平安保險

Travel Agencies & Tour Operators　旅行業

Travel Agency　旅行社

Travel Agency Guarantee Deposit　旅行社保證金

Travel Agency Operations Personal　旅行業從業人員

Travel Mart　旅遊交易會

Travel Quality Assurance Association, R.O.C.　中華民國旅行業品質保障協會

Traveler　旅客

Twelve Major Local Festival Activities　12項地方節慶活動

V

Visit Taiwan Year (2004)　2004臺灣觀光年

Visitor Information Center　旅遊服務中心

W

Water Activities　水上活動

Whitewater Rafting Race　泛舟賽

World Tourism and Travel Council (WTTC)　世界旅遊及觀光委員會

World Tourism Organization (WTO)　世界觀光組織

Y

Yilan International Children＇s Folklore and Folk Game Festival　宜蘭國際童玩藝術節

Yingge Ceramics Festival　鶯歌陶瓷嘉年華

附錄三　參考文獻

1.陳安的，2011年，《旅館業創新策略的研究—以一般旅館為例》，交通部觀光局。

2.吳勉勤，2013年，《旅館管理—理論與實務》，華立出版社。

3.楊上輝，2016年，《旅館經營管理實務》，楊智出版社。

4.餐旅服務技術，吳美燕，2007年，李運民編著廣懋出版社。

5.內政部消防署全球資訊網http://www.nfa.gov.tw/。

6.張雅琬，2013年，《由整合性觀點探討領導型態、工作滿意度、組織承諾、角色服務行為等對於電話行銷人員的績效影響》，淡江大學。

7.蔡俊賢，2011年，《內部服務品質、組織承諾、情緒展演與服務行為關聯性之研究-以矯正機構為例》，澎湖科大。

8.趙曉煜，2012年，《服務場景中的社會要素與顧客行為》，中國經濟科學出版社。

9.江勁毅、游育杰，2011年，《旅館業顧客滿意度影響要素之分類：Tetraclasse模式之應用》，餐旅暨觀光2011年第八卷第四期。

10.曾倫崇、章玉如，2012年，《顧客知覺品質、體驗價值、滿意度與忠誠度關係之研究－以高雄、臺南地區飯店為例》，嘉南藥理科技大學休閒事業管理研究所。

11.Kotler, P.(1991).Marketing Management, New Jersey: Prentice-Hall International Inc.

12.謝玲芬，黃婷筠，劉淑梅，《以顧客關係管理構建內外部顧客滿意度之評估模式－以臺灣連鎖飯店業為例》，2007年6月，績效與策略研究第四卷第一期49-70頁

13.行政院衛生署食品藥物管理局，《對食材供應商之衛生管理參考手冊》，2012年12月，財團法人食品工業發展研究所編。

14.臺北市衛生自主管理網sub data.health.gov.tw/self_admin

15.高秋英、林玥秀，《餐飲管理：理論與實務》，2004年，揚智文化事業股份有限公司。

16.呂永祥，2003年，《客房實務》桂魯出版公司。

17.嘉義耐斯王子大飯店工作手冊。

18.李欽明，2010年，《旅館客房管理實務》，楊智文化。

19.吳勉勤，2023年，《旅館管理概論：打造企業智慧資本新思維》，華立出版公司。

20.鄭淑勻編譯，2011年，《旅館經營實務》，鼎茂圖書。

21.黃秀珠、張志豪編譯，2015年，《旅館房務部營運與管理》，鼎茂圖書。

22.許順旺，2012年，《宴會管理：理論與實務》，揚智出版公司。

23.Nancy Loman著、林万登譯，2006年，《宴會經營管理實務》，桂魯出版公司。

24.謝宛婷，2010年，《會展活動對臺灣觀光旅館經營績效之影響》，國立師範大學。

25.張淑逸，2011，《臺灣會展產業簡介》，兩岸交流洽談會，經濟部國貿局。

26.杜玉蓉，2011，《臺灣會展年鑑2011》，臺北：活動平台雜誌。

27.吳開松編著，2009年《公共關係學》，上海財經大學出版社。

28.徐健麟，2012年《就是要玩創意！公關達人行銷術大公開》，人類智庫。

29.弗雷澤‧西戴爾，約翰‧杜立著、繆靜芬譯，2013年，《信譽公關：好公關如何在新媒體世界制勝行銷與廣告》，臺灣商務。

30.劉桂芬，《旅館人力資源管理》，揚智文化，2013年。

31.張麗英，《旅館暨餐飲業人力資源管理》，揚智文化，2003年。

32.王婷穎，《國際觀光旅館之服務品質、關係品質與顧客忠誠度之相關性研究─以臺北、臺中及高雄地區為例》，南華大學，2002年。

33.陳炳欽，《臺灣地區連鎖國際觀光旅館經營效率之研究》，南華大學，2001年。

34.柯麗怡，2000年，《國際觀光旅館採購主管專業職能之研究》，輔仁大學。

35.許振邦，2007年，《採購與供應商管理》，智勝書局。

36.黃振良，2008年，觀光旅館業／餐飲服務業人力資源管理。桂魯有限公司。

37.嶋津司，1988年，《採購管理之進行方法》，臺北臺華工商圖書出版公司。

38.採購大家庭：http://ppt.cc/O65L

39.李青松，2000年，《國際觀光旅館採購主管專業職能之研究》，輔仁大學。

40.吳柏萱，2007年，《以財務觀點對觀光旅館績效衡量指標之探討─以臺灣風景區之國際觀光旅館為例》。

41.交通部觀光局，2007～2008，《臺灣地區國際觀光旅館營運分析報告》，交通部觀光局。

42.林鳳英，2013年，《化危機為轉機：衝突理論與危機管理之應用》，國立高雄大學。

43.陳安娜，2013年，《企業危機管理模式之比較研究─以臺灣企業與跨國企業為例》，輔仁大學。

44.陳宏明，2013年，《企業動態危機管理之實證研究─以A公司為例》，國立中正大學。

45.教育部全球資訊網www.edu.tw

46.內政部消防署http://www.nfa.gov.tw/

47.內政部全球資訊網http://www.moi.gov.tw/

48.旗立財經編輯部，2010年，《商業概論》，旗立出版社。

49.謝明成，吳健祥，1995年，《旅館管理學》，眾文圖書旅館。

50.詹益郎，2005年，《旅館的創新管理》，中興大學。

51.周明智，《餐旅產業管理》，華泰出版社，2002年。

52.巫立宇，《臺灣國際觀光旅館業之關鍵成功因素分析》，政治大學國際貿易研究所碩士論文，1991年。

53.阮承宗，《國際觀光旅館管理型態與績效之研究─以中、美、日系在臺觀光旅館為例》，中國文化大學觀光事業研究所碩士論文，1994年。

54.曾慶欑，《主題遊樂園附屬旅館之滿意度研究─以劍湖山王子大飯店為例》，南華大學，1993年。

國家圖書館出版品預行編目(CIP)資料

旅館經營管理 / 曾慶欑編著. -- 三版. -- 新北市：
全華圖書, 2023.12
272面；　19×26 公分
ISBN 978-626-328-761-7(平裝)

1.旅館業管理

489.2　　　　　　　　　　　　112017502

旅館經營管理(第三版)

作　　者　曾慶欑
發 行 人　陳本源
執行編輯　黃艾家
封面設計　盧怡瑄
出 版 者　全華圖書股份有限公司
郵政帳號　0100836-1號
印 刷 者　宏懋打字印刷股份有限公司
圖書編號　0820702
三版一刷　2023年12月
定　　價　新臺幣400元
I S B N　978-626-328-761-7
全華圖書 / www.chwa.com.tw
全華網路書店Open Tech / www.opentech.com.tw
若您對書籍內容、排版印刷有任何問題，歡迎來信指導book@chwa.com.tw

臺北總公司（北區營業處）
地址：23671新北市土城區忠義路21號
電話：(02) 2262-5666
傳真：(02) 6637-3695、6637-3696

南區營業處
地址：80769高雄市三民區應安街12號
電話：(07) 381-1377
傳真：(07) 862-5562

中區營業處
地址：40256臺中市南區樹義一巷26號
電話：(04) 2261-8485
傳真：(04) 3600-9806（高中職）
　　　(04) 3601-8600（大專）

選擇題

（　）1. 旅館是一項人力及資金密集的產業，平均要幾年才能回收成本？ (1) 二年 (2) 三年 (3) 六年 (4) 十年。

（　）2. 下列對於旅館的描述何者有誤？ (1) 是服務產業，也是藝術產業 (2) 是種人力與資金密集的產業 (3) 是一種情緒性勞動的服務行業 (4) 具單一性，問題層面較少。

（　）3. 下列何者不是旅館須具備的基礎條件 (1) 提供住宿及餐食設施 (2) 是一種非營利事業組織 (3) 對公共有法律上的權利與義務 (4) 是一種為得到合理利潤而設立的營利事業、公共設施。

（　）4. 提供旅客大自然生態觀察與體驗當地文化的旅館是什麼旅館？ (1) 生態旅館 (2) 民宿 (3) 商務旅館 (4) 休閒旅館。

（　）5. 經營國際觀光或一般觀光旅館，對旅客提供住宿及相關服務的營利事業是指什麼旅館業？ (1) 一般旅館業 (2) 觀光旅館業 (3) 非旅館的住宿型態

（　）6. 在 19 世紀末至 20 世紀年代，旅館因受工業革命的影響，逐漸演變為什麼旅館，服務對象是一般平民及洽商人員？ (1) 商務型旅館 (2) 休閒旅館 (3) 豪華旅館 (4) 度假旅館。

（　）7. 下列何種旅館為臺灣特別的一項產業，以娛樂性質為主？ (1) 民宿 (2) 商務旅館 (3) 汽車旅館 (4) 休閒度假旅館。

（　）8. 下列哪種住宿形式在國外很普遍，在臺灣則是因為週休二日的實施，使得近幾年形成風潮？ (1) 休閒旅館 (2) 汽車旅館 (3) 商務旅館 (4) 民宿。

（　）9. 下列何者為旅館的無形商品？ (1) 氣氛 (2) 餐飲 (3) 設備 (4) 安全。

（　）10. 下列何者不是旅館的有形商品？ (1) 餐飲 (2) 設備 (3) 服務 (4) 安全。

問題與討論

1.因應新南向政策,該如何擴大行銷促進自由行旅客來臺?

答:

2.請列舉臺灣目前的環保旅館。

答:

選擇題

（　）1. 因新世代旅客發育良好、平均身長增高，故近年的新旅館客房的床舖常採用長度多少的規格？　(1) 210 cm　(2)175cm　(3)200cm　(4)250cm。

（　）2. 下列何者不是旅館的後場？　(1) 員工休息室　(2) 倉庫　(3) 餐廳　(4) 機房。

（　）3. 下列對客房的描述何有誤？　(1) 合乎法規的安全居住環境　(2) 應裝監視器　(3) 考量其實用性　(4) 客房的占用空間大。

（　）4. 下列對於衛浴設備的描述何者有誤？　(1) 未來維修考量也是一大關鍵　(2) 舒適乾爽　(3) 注意衛浴及排水聲響　(4) 為維修方便不應該為獨立設置。

（　）5. 理想的廚房面積約占總餐廳面積的多少？　(1) 1/3～1/4　(2)1/2　(3)5/1～1/6　(4)1/8。

（　）6. 下列何者不是餐具洗滌應設置三槽式洗滌設備？　(1) 清洗　(2) 沖洗　(3) 消毒　(4) 烘乾。

（　）7. 客房首重？　(1) 安全　(2) 寬敞　(3) 涼爽　(4) 安靜。

（　）8. 在旅館的客訴中，旅客最常以什麼為主要抱怨事由？　(1) 隔音設備不佳　(2) 食物不好吃　(3) 玻璃不夠乾淨　(4) 房價太貴。

（　）9. 下列對於客房的茶桌何者描述有誤？　(1) 耐熱　(2) 活動式　(3) 耐藥性　(4) 以美耐板或大理石類等建材製造為佳。

（　）10. 床頭櫃的設計以讓旅客不必起身就能伸手拿取東西為主，但最好高於床舖幾公分？　(1)20 公分　(2)3 公分　(3)30 公分　(4)50 公分。

問題與討論

1. 請寫出一間你所知道的青年旅館。

答:

_____

_____

_____

_____

_____

_____

2. 你認為在林口設置旅館,會否經營成功?

答:

_____

_____

_____

_____

_____

_____

_____

_____

第3章 旅館服務與形象建立

班級：＿＿＿＿＿　姓名：＿＿＿＿＿

學號：＿＿＿＿＿＿＿＿＿

選擇題

（　）1. 人力資源源自於哪個年代，強調人力的規劃、發展與運用？　(1)1970 年代　(2)1980 年代　(3)2000 年代　(4)1940 年代。

（　）2. 哪一年之後，人力資源開始走向資訊技術的趨勢？　(1)2010 年　(2)2001 年　(3)2009 年　(4)1997 年。

（　）3. 下列何者不是人力資源的範疇？　(1) 社會學　(2) 心理學　(3) 發展學　(4) 經濟學。

（　）4. 下列何者不是員工激勵的出發點？　(1) 員工需求　(2) 動機　(3) 心理因素　(4) 身體狀況。

（　）5. 旅館管理要提高員工士氣，下列何者為非？　(1) 充分激發員工潛質　(2) 先創造良好的工作環境　(3) 維持嚴明的勞動紀律並正確處理人事關係　(4) 常常加薪。

（　）6. 什麼是一個旅館所能夠進行有效的服務操作及活動的能源？　(1) 員工能量　(2) 商品吸引度　(3) 旅館的精緻度　(4) 服務能量。

（　）7. 服務管理可以採取三種策略，下列何者為非？　(1) 利用預約或是保留　(2) 利用價格誘因　(3) 行銷離峰時段　(4) 調降價格。

（　）8. 什麼是指隨著商品的出售，旅館向顧客提供的各種附加服務，包括商品說明、保證、服務、品質所產生的價值？　(1) 商品價值　(2) 服務價值　(3) 贈品價值　(4) 客房價值。

（　）9. 下列何者描述有誤？　(1) 服務業顧名思義是靠販賣商品賺錢的行業　(2) 對待顧客，絕不可有差別待遇　(3) 同事間的和氣相處，保持愉快的工作氣氛　(4) 以勤快熱忱的服務，以避免給人冷漠的印象。

（　）10. 下列何者是接聽電話的禁忌？　(1) 響兩聲接起　(2) 隨時記錄　(3) 久候、重覆問話、對答不得要領　(4) 留下聯絡方式。

問題與討論

1.請簡述身為服務人員應有的職責。

答:＿＿＿＿＿＿＿＿＿＿＿＿＿＿＿＿＿＿＿＿＿＿＿＿＿＿＿＿＿

＿＿＿＿＿＿＿＿＿＿＿＿＿＿＿＿＿＿＿＿＿＿＿＿＿＿＿＿＿＿＿＿

＿＿＿＿＿＿＿＿＿＿＿＿＿＿＿＿＿＿＿＿＿＿＿＿＿＿＿＿＿＿＿＿

＿＿＿＿＿＿＿＿＿＿＿＿＿＿＿＿＿＿＿＿＿＿＿＿＿＿＿＿＿＿＿＿

＿＿＿＿＿＿＿＿＿＿＿＿＿＿＿＿＿＿＿＿＿＿＿＿＿＿＿＿＿＿＿＿

＿＿＿＿＿＿＿＿＿＿＿＿＿＿＿＿＿＿＿＿＿＿＿＿＿＿＿＿＿＿＿＿

2.請說明客訴抱怨處理的流程為何？

答:＿＿＿＿＿＿＿＿＿＿＿＿＿＿＿＿＿＿＿＿＿＿＿＿＿＿＿＿＿

＿＿＿＿＿＿＿＿＿＿＿＿＿＿＿＿＿＿＿＿＿＿＿＿＿＿＿＿＿＿＿＿

＿＿＿＿＿＿＿＿＿＿＿＿＿＿＿＿＿＿＿＿＿＿＿＿＿＿＿＿＿＿＿＿

＿＿＿＿＿＿＿＿＿＿＿＿＿＿＿＿＿＿＿＿＿＿＿＿＿＿＿＿＿＿＿＿

＿＿＿＿＿＿＿＿＿＿＿＿＿＿＿＿＿＿＿＿＿＿＿＿＿＿＿＿＿＿＿＿

＿＿＿＿＿＿＿＿＿＿＿＿＿＿＿＿＿＿＿＿＿＿＿＿＿＿＿＿＿＿＿＿

第4章
客務管理

選擇題

(　) 1. 哪一部門是旅館業非常重要的部門，與各部門有著密切複雜的工作關係，也是旅館的核心？ (1) 房務部 (2) 客房部 (3) 餐飲部 (4) 清潔部。

(　) 2. 下列何者非接待組工作 (1) 櫃檯 (2) 司門 (3) 總機 (4) 機場。

(　) 3. 哪一職務的工作內容有負責辦理客房租售及調度、管理客房鑰匙、旅客登記、接受旅客訂房與記錄？ (1) 司門 (2) 男服務員 (3) 女服務員 (4) 櫃檯接待。

(　) 4. 哪一職位須具備的工作技能除了良好語言能力，基本的電話應對技巧，熟記各部門分機號碼、員工姓名，以及所屬單位？ (1) 董事長 (2) 總經理 (3) 副總經理 (4) 總機。

(　) 5. 電話服務員應於電話鈴聲幾響前接電話？並報出自己所屬旅館並問好，談話時注意電話禮貌，口齒清晰，聲調柔和，語音親切、切忌邊吃東西邊接聽電話。 (1) 一響需快點接起 (2) 五響接起 (3) 三響接起 (4) 馬上接起。

(　) 6. 機場接待需於班機降落前幾分鐘，至旅館聯合接待櫃檯，書寫客人姓名、性別等資料於牌子上，以便接機？ (1)20～30 分鐘 (2) 一小時前 (3) 二小時前 (4)5 分鐘前。

(　) 7. 哪一職務的工作內容大致是協助旅客辦理遷入遷出、換房、行李寄存、遞送服務、留交物品作業、代客至機場提取行李、代購服務？ (1) 行李服務員 (2) 房務部人員 (3) 司門員 (4) 郵務員。

(　) 8. 司機需於預定時間前幾分鐘，將車停靠於旅館門口適當位置，並下車等候客人？ (1) 半小時 (2) 一小時前 (3)10 分鐘 (4) 二小時前。

(　) 9. 服務組的哪個職位應負責指揮正門及兩側門的交通秩序，引導車輛並協助旅客上下車及行李的搬運？ (1) 主管 (2) 司門 (3) 司機 (4) 服務人員。

(　)10. 下列何者非客房部的接待工作？ (1) 女房務員 (2) 櫃檯接待 (3) 總機 (4) 機場接待三個單位。

問題與討論

1. 請簡述櫃檯接待的工作流程及內容。

答: _____

_____

_____

_____

_____

_____

_____

2. 請說明訂房的注意事項為何？

答: _____

_____

_____

_____

_____

_____

班級：＿＿＿＿＿　姓名：＿＿＿＿＿

學號：＿＿＿＿＿＿＿＿＿＿

得　分

選擇題

( )1. 哪一個的職責在於時刻要準備好整潔的房間，從許多小細節貼心服務，並負責整個客房打掃及保養工作？ (1) 女清潔員 (2) 房務部 (3) 客服務 (4) 總機。

( )2. 哪一部門時刻要準備好整潔的房間、注重小細節，並貼心的服務客人，以維持客房品質？ (1) 房務部 (2) 客服務 (3) 公清組 (4) 女司門。

( )3. 下列何者非洗衣組職責？ (1) 洗場 (2) 燙場 (3) 平燙場 (4) 市場。

( )4. 下列合者為洗衣流程？ (1) 分類、洗滌、脫水、烘乾 (2) 洗滌、烘乾 (3) 分類、洗滌、烘乾 (4) 估價、洗滌、脫水、晾乾。

( )5. 下列何者為織品洗滌流程 (1) 沖洗、酸洗、漂白、清洗、洗濯 (2) 估價、分類、洗滌、晾乾 (3) 漂白、清洗、洗濯、烘乾 (4) 漂白、清洗、洗濯、晾乾。

( )6. 哪一職務所掌管的工作包括打掃公區廁所及維護整館公共區域的地面清潔？ (1) 房務員 (2) 女服務員 (3) 公清組 (4) 司門。

( )7. 洗滌物的哪一步驟在洗衣組是一件十分重要的工作，須有判斷洗滌物的能力，是該水洗？還是乾洗？是否會縮水，褪色變形或損壞？ (1) 分類 (2) 脫水 (3) 漂白 (4) 洗濯。

( )8. 洗衣的哪一步驟應注意時間長短須按洗物的質料來定，時間太長太短，都會影響烘乾或壓燙的生產效率和品質？ (1) 漂白 (2) 洗滌 (3) 分類 (4) 脫水。

( )9. 哪一職務須維持房間的清潔及品質，若遇有損壞的物品，須填寫修護申請單進行報修？ (1) 總務組 (2) 保全人員 (3) 房務部人員 (4) 客服部。

( )10. 洗衣作業亦為哪一部門的服務範圍？ (1) 客務部 (2) 房務部 (3) 公清組 (4) 總務部。

1. 請敘述地毯保養作業流程。

答:
_____

_____

_____

_____

_____

_____

_____

2. 請敘述拾獲客人遺留物作業流程。

答:
_____

_____

_____

_____

_____

_____

_____

班級：＿＿＿＿＿ 姓名：＿＿＿＿＿＿＿

學號：＿＿＿＿＿＿＿＿＿＿＿＿＿

得　分

選擇題

（　）1. 什麼是餐廳與顧客確認交易成立的重要憑證，須妥善留存，以備不時之需？　(1) 宴會邀請卡　(2) 發票　(3) 宴會訂席卡　(4) 收據。

（　）2. 哪一個職位應面帶微笑，並親切引導客人入座，遞送菜單？　(1) 領檯員　(2) 女服務員　(3) 男服務員　(4) 領班。

（　）3. 哪一職位應承擔酒吧當班的一切責任，督促檢查餐廳內的清潔衛生及環境維護工作，協助推廣業務，領用日常用品、食品，控制破損的檢查，以及處理客人抱怨。　(1) 男服務生　(2) 領班　(3) 女服務員　(4) 酒吧。

（　）4. 誰應負責酒吧內備品的準備及補充，調配客人點用的酒類及飲料，負責酒吧的整潔工作，酒杯的清潔及檢查，飲料及供應品的領取？　(1) 調酒員　(2) 領班　(3) 男服務生　(4) 女服務生。

（　）5. 前菜四種、大菜六種、點心二種是哪一種菜單的結構？　(1) 西式　(2) 中東式　(3) 義式　(4) 中式。

（　）6. 跟營業量沒有任何關聯的成本，如租金、保險、設備折舊是什麼成本？　(1) 變動成本　(2) 非成本　(3) 固定成本　(4) 不固定成本。

（　）7. 在短期間內可以做改變的成本，如廣告、行銷、水電維修以及行政費用等，是什麼成本？　(1) 可控制成本　(2) 固定成本　(3) 不固定成本　(4) 非成本。

（　）8. 什麼是維持餐飲整體衛生與員工安全的重要關鍵，其中更以衛生管理人員的專業職能為最重要的一環　(1) 餐飲品質　(2) 專業能力　(3) 食材的新鮮度　(4) 食材的來源。

（　）9. 下列何者非食材衛生管理須注意事項？　(1) 供貨與驗收　(2) 安全證明　(3) 原料的衛生確認及追溯　(4) 來自著名公司的原料。

（　）10. 提供安全蔬果標章，藉由訂定管理作業規範，透過農政單位輔導，教育農民安全用藥的是：　(1) 吉園圃臺灣安全蔬果標章　(2) 食品 GMP 認證　(3) 葡萄園臺灣安全蔬果標章　(4) 吉祥園臺灣安全蔬果標章。

1. 請說明旅館的餐飲部功能及其服務內容。

答:
_____

_____

_____

_____

_____

_____

_____

2. 請簡述訂席組、餐飲部、吧檯的工作重點。

答:
_____

_____

_____

_____

_____

_____

_____

第7章
人力資源管理

班級：_____ 姓名：_____

學號：_____

選擇題

（　）1. 什麼是旅館業發展最重要的環節，更為企業奠定永續經營的基礎？　(1) 人力資源　(2) 財務　(3) 服務　(4) 成本。

（　）2. 人力資源源自於哪一個年代？　(1)1990 年代　(2)2000 年代　(3)1960 年代　(4)1970 年代。

（　）3. 1990 年代之後「員工」與「組織」的管理進入策略的層次，就是所謂的：　(1) 資訊性人力資源管理　(2) 策略性人力資源管理　(3) 平頭式人力資源管理　(4) 目標式人力資源管理。

（　）4. 人力資源與下列何者無關？　(1) 社會學　(2) 心理學　(3) 人類學　(4) 經濟學。

（　）5. 如何看待、提高員工的生產力，如何計算薪資，或是如何以保險、撫卹等福利來照顧員工的生活是屬於人力資源的哪一門學問？　(1) 社會學　(2) 心理學　(3) 人類學　(4) 經濟學。

（　）6. 關注對人的基本心理、喜怒哀樂等基本性情、行為的了解，從而使我們可以發掘人行為背後的原因，以及如何去激勵人，是屬於人力資源的哪一門學問？　(1) 社會學　(2) 心理學　(3) 人類學　(4) 經濟學。

（　）7. 從員工需求、動機和心理因素出發，針對性地採取各種激勵手段，激發員工的工作熱情和主動積極性是屬於？　(1) 員工動機　(2) 員工熱情　(3) 職場誘因　(4) 員工激勵。

（　）8. 什麼是一種管理方法，也是一種象徵企業靈魂的價值導向？　(1) 董事長精神　(2) 旅館企業文化　(3) 主管訓話　(4) 旅館管理規則。

（　）9. 規劃、組織、領導、控制是什麼角色的功能？　(1) 管理者　(2) 公關　(3) 研究人員　(4) 員工。

（　）10. 下列何者不是管理者的角色？　(1) 戰略夥伴　(2) 員工代言人　(3) 企業變革的推動者　(4) 服從命令。

問題與討論

1. 請說明旅館人員的運用困難為何，該如何應對。

答:

_____

_____

_____

_____

_____

_____

_____

2. 人才的基本任用原則為何？

答:

_____

_____

_____

_____

_____

_____

_____

班級：_____　姓名：_____

學號：_____

得　分

選擇題

（　）1. 在符合法令與行政規定範圍，於正確的時間以合理的價格，獲得恰當數量與質量的產品或服務的行為是哪一個職位的職責？　(1) 經理人　(2) 廚師　(3) 房務員　(4) 採購。

（　）2. 下列何者不是採購主管的職責？　(1) 銷售　(2) 理事　(3) 管人　(4) 用錢。

（　）3. 每件料品的詢價對象應至少幾家？　(1) 一家　(2) 二家　(3) 三家　(4) 五家。

（　）4. 以跨組織加入採購聯盟，在原材料採購上聯合起來，可以降低成本，也可減少風險的方法？　(1) 聯合採購　(2) 第三方採購　(3) 單獨採購　(4) 第四方採購。

（　）5. 企業將產品或服務採購外包給第三方公司，第三方採購往往可以提供更多的價值和購買經驗，幫助企業更專注核心競爭力，是什麼採購？　(1) 聯合採購　(2) 第三方採購　(3) 單獨採購　(4) 第四方採購。

（　）6. 下列何者不是採購的談判技巧？　(1) 盡量壓低價錢　(2) 與有權決定的人談判　(3) 對等原則　(4) 知己知彼，百戰百勝。

（　）7. 優點是有集中的數量優勢、避免複製、更低的運輸成本、減少企業內部各部門及單位的競爭和衝突、形成供應基地，這是哪一種採購法？　(1) 聯合採購　(2) 第三方採購　(3) 單獨採購　(4) 集中採購。

（　）8. 企業將產品或服務採購外包給第三方公司，第三方採購往往可以提供更多的價格和購買經驗，幫助企業更專注核心競爭力，這是屬於哪一種採購法？　(1) 聯合採購　(2) 第三方採購　(3) 單獨採購　(4) 集中採購。

（　）9. 下列何者不是採購的談判技巧？　(1) 盡量不讓對方有講話的機會　(2) 傾聽，並以肯定的語氣交談　(3) 善於諮詢，必要時轉移話題　(4) 不過度表露。

（　）10. 採購部門除了要掌理各部門物品、勞務、設備的採購工作，也要？　(1) 派臥底到競爭對手公司　(2) 定期市場調查　(3) 常常更換商家　(4) 盡量壓低價錢。

問題與討論

1. 採購部於旅館扮演的角色及功能為何?

答:
_____

_____

_____

_____

_____

_____

2. 旅館業人員必須具備哪些能力?

答:
_____

_____

_____

_____

_____

_____

_____

班級：_____ 姓名：_____

學號：_____

得　分

選擇題

(　) 1. 哪一部門在旅館的經營中扮演著極重要的角色，其任務包括收集、記錄、分類、總括、分析貨幣交易，以及由此得出的結果和結論？ (1) 財務部 (2) 客務部 (3) 總經理室 (4) 特助。

(　) 2. 指如現金、銀行存款、應收帳款、存貨、土地、房屋及建築、商譽、專利權等的是？ (1) 資料 (2) 資訊 (3) 資產 (4) 資源。

(　) 3. 下列何者指的是旅館的全部資產減去全部負債後的餘額，表示業主對旅館資產的剩餘請求權，如股本、資本公積及保留盈餘等項目？ (1) 權力 (2) 權益 (3) 權法 (4) 權衡。

(　) 4. 現金、銀行存款、存貨、短期借款、預付費用是？ (1) 固定資產 (2) 不固定資產 (3) 不流動資產 (4) 流動資產。

(　) 5. 土地、房屋及建築、設備、工程、累計折舊是？ (1) 固定資產 (2) 不固定資產 (3) 不流動資產 (4) 流動資產。

(　) 6. 括專利權、商標專用權、土地使用權、商譽是指： (1) 固定資產 (2) 不固定資產 (3) 不流動資產 (4) 有形資產。

(　) 7. 旅館在一定時期的經營過程中，為客人提供服務所發生的費用是指： (1) 固定費用 (2) 成本費用 (3) 銷售費用 (4) 固定支出。

(　) 8. 指可由旅館經營階層自主控制的最大成本，是人力資源優化配置和有效利用的問題，也是旅館經營自主控制範圍最大的一部分，指的是旅館控制成本的： (1) 物料成本 (2) 人工成本 (3) 物資消耗成本 (4) 能源消耗成本。

(　) 9. 以下何者不是降低成本的策略？ (1) 成本控制的必要 (2) 建立員工的危機意識 (3) 低成本策略是價格策略的後盾和基礎 (4) 壓低購買價錢。

(　)10. 能夠提供某種形式能量的物質，或是物質的運動，具廣泛性和一次性的一切活動，且能源一經使用，原來的實體即行消失，不能反覆使用，是指旅館成本的？ (1) 能源消耗成本 (2) 人工成本 (3) 物質消耗成本 (4) 物料成本。

1. 成本控制對於旅館營運的重要性為何?

　　　答: _____

_____

_____

_____

_____

_____

_____

2. 如果你是管理主管,你如何降低營運成本?

　　　答: _____

_____

_____

_____

_____

_____

_____

第10章
安全管理

班級：＿＿＿＿＿ 姓名：＿＿＿＿＿

學號：＿＿＿＿＿＿＿＿＿＿＿

選擇題

（　）1. 結合住宿、休閒設備、餐飲、會議為一體的服務場所？　(1) 旅館　(2) 學生宿舍　(3) 員工宿舍　(4) 民宿。

（　）2. 下列何者非安全管理的注意事項？　(1) 人　(2) 事　(3) 物　(4) 財務。

（　）3. 下列何者非安全預防工作？　(1) 暴力　(2) 動物闖入　(3) 竊盜　(4) 防火。

（　）4. 自然災害、食物中毒、火災等是指？　(1) 旅館危機　(2) 大自然危機　(3) 天然危機　(4) 突發事件。

（　）5. 下列何者不是火災三步驟？　(1) 滅火　(2) 找水滅火　(3) 報警　(4) 逃生。

（　）6. 下列何者不是旅館危機的特性？　(1) 突發性強　(2) 時間長　(3) 時間短　(4) 不易被事先發覺。

（　）7. 使用電焊、氣焊（割）、噴燈、電鑽等是屬於哪項作業？　(1) 點火作業　(2) 暗火作業　(3) 動火作業　(4) 烈火作業。

（　）8. 下列何者應隨時保持警覺，發現問題，立即反應以防範未然？　(1) 旅館服務人員　(2) 消防員　(3) 警察　(4) 旅館經理。

（　）9. 熟悉旅館相關設置及逃生通路是誰的工作職責之一？　(1) 客服部人員　(2) 安全管理人員　(3) 旅館每一個員工　(4) 旅館經理。

（　）10. 職能部門每日對公司進行防火巡查，以及多久一次防火檢查？　(1) 一年一次　(2) 半年一次　(3) 每星期一次　(4) 每月一次。

問題與討論

1. 遇到酒醉鬧事的顧客，你會怎麼處理？

答: ____________________

2. 遇及急症或死亡事件，處理步驟有哪些？

答: ____________________

第11章
會議展覽

班級：＿＿＿＿＿　姓名：＿＿＿＿＿＿

學號：＿＿＿＿＿＿＿＿＿＿＿

得　分

選擇題

（　）1. 什麼起源於原始人類對大自然與神崇拜的祭祀活動？　(1) 展覽活動　(2) 祭典活動　(3) 宴會活動　(4) 自然活動。

（　）2. 展覽開始逐步走向多樣化，其功能也日益擴大，此時期為展覽的成長時期，在此時期開始出現大型博覽會，甚至還有世界性的博覽會是哪一個階段？　(1) 傳統社會　(2) 封建社會　(3) 原始社會　(4) 資本主義社會。

（　）3. 展覽有什麼功能？　(1) 群聚功能　(2) 整合行銷及交易聯絡的功能　(3) 交流功能　(4) 展示功能。

（　）4. 為企業展示產品、收集資訊、洽談貿易、交流技術、拓展市場提供了橋梁，是屬於展覽的什麼功能？　(1) 群聚功能　(2) 整合行銷功能　(3) 交易功能　(4) 展示功能。

（　）5. 買賣雙方可以完成介紹產品、了解產品、交流資訊、建立聯繫、簽約成交等買賣流通過程，是展覽的什麼功能？　(1) 群聚功能　(2) 整合行銷功能　(3) 交易功能　(4) 展示功能。

（　）6. 下列何者非會展型旅館的特色？　(1) 微型城市化　(2) 一體化　(3) 國際化　(4) 平民化。

（　）7. 會議展覽服務業本身所具備的什麼效益？加上知識經濟的發展，產業結構的改變，使得會議展覽服務業近年來成為全球化新興行業。　(1) 加減效益　(2) 乘數效益　(3) 乘法效益　(4) 群組效益。

（　）8. 展覽會是一種展示，無論名稱如何，其宗旨均在於？　(1) 販賣商品　(2) 展示新品　(3) 募集粉絲　(4) 教育大眾。

（　）9. 最早開始工業革命的英國，在倫敦舉行第一屆世界博覽會，是於西元：　(1)1851 年　(2)1999 年　(3)1815 年　(4)1581 年。

（　）10. 下列何者不是會展旅館的條件？　(1) 服務層次　(2) 會展策畫　(3) 流程確實　(4) 浪漫氣氛。

1.請說明會展的發展前景及困境。

答：

2.請說明會展的經營管理有哪些重點策略。

答：

第12章
公關活動企劃

班級：＿＿＿＿＿　姓名：＿＿＿＿＿

學號：＿＿＿＿＿＿＿＿＿＿

選擇題

（　）1. 旅館公關應善用其影響力、為旅館樹立良好印象，並具有什麼能力？ (1) 銷售能力 (2) 危機處理能力 (3) 採購能力 (4) 消費能力。

（　）2. 網路時代自哪一年盛行後，漸漸取代許多傳統行銷方式，又稱線上行銷或者電子行銷？ (1)1999 年 (2)2009 年 (3)1989 年 (4)1990 年。

（　）3. 什麼社群是個與客人保持互動、建立緊密關係的平臺，此方法可以縮小旅客與旅館的距離，增加互動效果？ (1) 實體社群 (2) 郵購社群 (3) 電影社群 (4) 網路社群。

（　）4. 旅館公關應善用什麼，為旅館樹立良好形象，並具有危機處理能力？ (1) 人脈 (2) 影響力 (3) 財力 (4) 推廣力。

（　）5. 火災、食物中毒、停電停水、自然災害，以及勞資糾紛等是屬於？ (1) 危機事件 (2) 緊急事件 (3) 類事件 (4) 恐怖事件。

（　）6. 什麼是為了協調與公眾的關係，並塑造和維護旅館的良好形象？ (1) 親人關係 (2) 友好關係 (3) 公共關係 (4) 鄰近關係。

（　）7. 針對收集來的資料進行什麼動作，確定問題所在，可提供方法供主管人員下決策？ (1) 特別分析 (2) 綜合分析 (3) 拆散重組 (4) 剖析。

（　）8. 什麼是公關策劃中最重要的一步，其正確與否關係著形象建立的結果？ (1) 確立目標 (2) 消費 (3) 採購 (4) 人脈。

（　）9. 下列何者不是公關的職責？ (1) 善用影響力 (2) 為旅館樹立良好印象 (3) 降低成本 (4) 具危機處理能力。

（　）10. 透過將員工與客人的合照放到粉絲專頁，為客人提供貼心的服務、將客人的貼心小故事轉化為分享題材可提高？ (1) 聲譽 (2) 銷售量 (3) 顧客回頭率 (4) 互動率。

1. 請說明公關組織人員的職責及工作內容。

　　答: _____

_____

_____

_____

_____

_____

_____

2. 請說明活動企劃的原則。

　　答: _____

_____

_____

_____

_____

_____

_____

選擇題

（　）1. 下列哪項可分為現有產品的再定位和對潛在產品的預定位？　(1) 市場的定位　(2) 衛星定位　(3) 產品聲譽　(4) 商品服務。

（　）2. 列何者不是旅館的競爭內容？　(1) 產品定位　(2) 衛星定位　(3) 旅館定位　(4) 競爭定位。

（　）3. 下列何者不是行銷要項？　(1) 產品　(2) 價格　(3) 通路　(4) 聲譽。

（　）4. 將產品、服務或是製程，作微小改善的創新是屬於？　(1) 漸進式的創新　(2) 系統的創新　(3) 躍進式創新　(4) 跳躍式創新。

（　）5. 必須利用較多的時間與昂貴的成本來改善，如此才能有具體的成果是屬於？　(1) 漸進式的創新　(2) 系統的創新　(3) 躍進式創新　(4) 跳躍式創新。

（　）6. 可對整個產業造成影響，甚至可以創造整個產業的創新，是屬於？　(1) 漸進式的創新　(2) 系統的創新　(3) 躍進式創新　(4) 跳躍式創新。

（　）7. 下列何者不屬於創新要素？　(1) 流行趨勢　(2) 領導、結構　(3) 技術、管理　(4) 獎勵。

（　）8. 下列何者不是成功創新因素？　(1) 策略　(2) 依賴有效的內部與外部的連結　(3) 有良好的機制，以促成改變　(4) 特立獨行。

（　）9. 下列何者是創新的困難？　(1) 不容易被接受　(2) 價錢昂貴　(3) 意外、急迫性、重要人員異動　(4) 主管的反對。

（　）10. 下列何者不是創新的類型？　(1) 跳躍式的創新　(2) 漸進式的創新　(3) 系統的創新　(4) 躍進式創新。

1.請試述如何進行市場定位及影響定位的原因。

答:

2.旅館行銷有哪些方法與技巧。

答:

第14章 旅館的現況與未來發展

班級：＿＿＿＿＿　姓名：＿＿＿＿＿＿

學號：＿＿＿＿＿＿＿＿＿＿＿

得　分

選擇題

（　）1. 主要提供完整且豐富的景點觀點、住宿休憩、週休二日、短期旅遊的去處是屬於哪一種旅館？　(1) 民宿　(2) 鄉村旅館　(3) 主題休閒旅館　(4) 汽車旅館。

（　）2. 下列何者不是主題休閒旅館興起的原因？　(1) 跟隨國外風潮　(2) 所得提高　(3) 生活型態改變　(4) 休閒水準上升。

（　）3. 下列何者不是主題休閒旅館發展的困境？　(1) 土地不足　(2) 財團不願意投資　(3) 台灣人缺乏創意　(4) 觀光從業人員缺乏、旅館市場競爭。

（　）4. 民宿衍生為賦予鄉村新生意義的產業，其影響與涉及層面，下列何者為非？　(1) 經濟面　(2) 社會面　(3) 環境面　(4) 科技面。

（　）5. 下列何者不是民宿的功能？　(1) 提供會議及公司旅遊　(2) 提供住宿、深度旅遊　(3) 產業經濟、生態環境　(4) 社交功能。

（　）6. 休閒設備、經營規模、產品特色是屬於民宿的？　(1) 無形資產　(2) 有形資產　(3) 共同資產　(4) 勞動資產。

（　）7. 是品牌聲譽、景觀氣氛、市場區隔與選擇、價格是屬於民宿的？　(1) 無形資產　(2) 有形資產　(3) 共同資產　(4) 勞動資產。

（　）8. 下列何者非連鎖旅館的經營優勢？　(1) 節稅、利益分配　(2) 共同採購　(3) 分散風險　(4) 製造流行趨勢。

（　）9. 有位於車站、高速公路附近或機場周圍等注重交通便利性的旅館，也有位於市中心，以商業活動為目的而設立的旅館是屬於旅館的哪一條件？　(1) 立地條件　(2) 活動目的　(3) 交通便捷　(4) 顯著標的。

（　）10. 下列何者不是觀光旅館的發展趨勢？　(1) 電腦化、特色化　(2) 浪漫化　(3) 連鎖化、區隔化　(4) 競爭化、多元化。

1.就你的觀察，臺灣目前旅館經營潮流為何？

答:

2.請選擇一家你最有興趣經營的旅館模式，由你的觀點試述它未來的發展。

答: